生活因阅读而精彩

生活因阅读而精彩

智者的修心课

安然 著
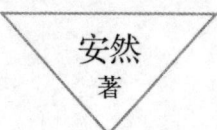

看淡世事沧桑，
内心 安然无恙

中国华侨出版社

图书在版编目(CIP)数据

看淡世事沧桑，内心安然无恙：智者的修心课/安然著.
—北京:中国华侨出版社,2014.11（2021.4重印）

ISBN 978-7-5113-4987-3

Ⅰ.①看… Ⅱ.①安… Ⅲ.①人生哲学–通俗读物

Ⅳ.①B821-49

中国版本图书馆 CIP 数据核字(2014)第257046 号

看淡世事沧桑，内心安然无恙：智者的修心课

著　　者 / 安　然
责任编辑 / 严晓慧
责任校对 / 志　刚
经　　销 / 新华书店
开　　本 / 787 毫米×1092 毫米　1/16　印张/18　字数/260 千字
印　　刷 / 三河市嵩川印刷有限公司
版　　次 / 2015年1月第1版　2021年4月第2次印刷
书　　号 / ISBN 978-7-5113-4987-3
定　　价 / 48.00 元

中国华侨出版社　北京市朝阳区静安里 26 号通成达大厦 3 层　邮编:100028
法律顾问:陈鹰律师事务所
编辑部:(010)64443056　　64443979
发行部:(010)64443051　　传真:(010)64439708
网址:www.oveaschin.com
E-mail:oveaschin@sina.com

前言
PREFACE

　　宁静以致远，恬淡以悠然。生活在大千世界中，人们总是在苦苦寻觅人生的意义、生活的意义、幸福的意义中。然则，思考这些哲理的过程就是人生意义，人生没有定义，人生的定义全在心境。

　　花非花，雾非雾。夜半来，天明去。来如春梦不多时，去似朝云无觅处。人世间有无尽的繁华与诱惑，人们趋之若鹜的同时亦迷惑彷徨。有时，有一部分人会认为拥有了财富、权力、地位就等于拥有了幸福的人生。殊不知，当你真正拥有这些外在之物时，方知欲壑难填，掩藏在浮华的物质世界背后的是精神上的寂寞与空虚。即使拥有了富足的物质世界，当你的精神世界被苦闷、忧愁、空虚所占据时，内心被其所累，得到的只是世人眼中的快乐，却无法得到来自灵魂深处的轻松、释放，与真正的幸福和快乐往往背道而驰。

倾听心灵的声音，感受内心的召唤，方能悟得人生的真谛。其实幸福的概念很简单：拥有一颗简单、空灵、释然的心，简单去爱，简单去生活。心境淡了，一切才会变得简单；心简单了，世界才会简单，在淡的世界中，幸福触手可得。那么，何为"淡"呢？"淡"是一种心境，一种在红尘纷扰的俗世中保持一颗淡然之心的态度；在繁华名利的追逐中保持一颗淡泊之心的情怀；在简单平凡的生活中保持一颗淡定之心的境界。有了人生三"淡"——淡然、淡泊、淡定，才能在浮华中回归真实，在纷繁中寻到简单，在简单中实现幸福人生。

淡泊者看待事物更加透彻，他们将名利、成败、得失等看淡，能够从容淡定地品味生活带来的一切。生命有限，而欲望无穷，如果不能很好地克制己欲，内心贪婪，终会被欲望所累，从而羁绊心灵，束缚了前行的脚步。因此，我们应该学会在人生中寻找一份超然的境界、淡然若水的心境。

这是一部指导人们如何超然处世的智慧宝典，它的价值在于帮助人们在纷扰的世间寻得一份属于自己的澄明与清澈，从容地享受淡然、洒脱的人生，从而创造属于自己的幸福。

目 录
CONTENTS

心性洒脱，随心随缘——淡泊人生无忧无虑 | 第一章

浮华一生，淡忘一季。俗事纷扰，人心充斥着欲求，故为人处世易计较，行止起居常怀担忧，难感安稳与开心。人生长路，难免遇到坎坷与险境，需要的是豁达的心胸与聪颖的智慧，才能放下大千世界的纷繁。万事顺其自然，得意失意方能安泰。

1. 放下，亦是另一种开始 / 001

2. 顺其自然，争其必然 / 004

3. 立足当下，发现幸福 / 006

4. 豁达，人生的另一种境界 / 008

5. 常怀随缘之心 / 011

6. 怀安然之心，万物顺其自然 / 013

7. 不争方能与之争，常怀坦然之心 / 016

8. 随遇而安，才能开出幸福之花 / 018

荡涤纷扰，感悟生活——淡泊人生简单快乐 | 第二章

常言道："酒足狂智士，色足杀壮士，名利足绊高士。"世人放不下酒色财气，故而成痴，唯有放下才是灵魂的出路。所谓"放下"不是放弃责任，而是恪尽责任，同时解放心灵。释放自然的天性，遵循事物的法则，得到的将是无负荷的心灵和海阔天空的人生。

1. 心中空明，领悟幸福 / 022

2. 适度执念，给自己一片晴空 / 024

3. 一念放下，万般自在 / 027

4. 拥有的"负重" / 029

5. 怀超然之心，便无拘无束 / 031

6. 有缺憾，是一种不完美的完美 / 033

7. 淡然处世，无忧纷扰 / 035

8. 适度——爱的界限 / 038

第三章 | **心怀感恩，重信重义——淡泊人生有情有义**

　　人之所以会觉得孤单，有时并不是现实环境中的孤单，而是内心上的空虚。重义者，不孤单。"义"是我国自古有之的一个概念，也是人们遵循了几千年的道德规范。当我们心中常怀仁义，自然会与贤者为友，以四海为家，永不孤单。孤单与充实，全在心境。

1. 上善若水 / 041

2. 信任之泉，浇注美丽心灵之花 / 043

3. 善良行世，以诚待人 / 046

4. 信用，一笔无价的财富 / 048

5. 人以群分，善人善聚 / 051

6. 广结善缘，快乐大家 / 053

7. 重义，有信，赢得真心之友 / 055

8. 与众人分享的人生，更加精彩 / 057

第四章 | **韬光养晦，低调从容——淡泊人生有滋有味**

　　世事纷扰，昙花一现，世间最珍贵的事物莫过于感情，与家人的天伦之情，与爱人的恋慕之情，与友人的相知之情，还有对他人、对世界的热情，都无可替代。看淡名利、得失、是非，用一颗重情之心，慰藉我们的灵魂。

1. 真爱，付出与真诚之爱 / 060

2. 调整心态，拥禅心入怀 / 062

3. 亲情的力量 / 064

4. 给予，另一种幸福的方式 / 066

5. 友情里，包容至上 / 068

6. 乐助者，救人于危难 / 071

7. 吞噬灵魂的贪欲 / 072

8. 情如花香，芬芳世界 / 075

岁月静好，惜福常乐——淡泊人生知性达观 │ 第五章

岁月流逝，皱纹可以刻在人们的面庞上，却不可以刻在心上。人们常常觉得生活给予我们太多的紧张与烦躁，于是年纪轻轻却暮气沉沉。大智者知足，既愿意品尝甘甜，也愿意承担苦涩，因为这些都是生活的馈赠。端正生活的心态，才能让岁月积淀成睿智。

1. 用心灵的阳光照耀生活 / 077

2. 拥有，即是幸福 / 079

3. 聆听心灵的声音，一直走下去 / 081

4. 心境决定幸福 / 084

5. 五味人生，五彩生活 / 086

6. 简单、惜福之人，常乐 / 088

7. 人生中的每一道风景，都需要你的欣赏 / 090

8. 各人眼中的最美，即是幸福 / 092

不温不火，行善积德——淡泊人生悠然自得 │ 第六章

慢，在现代生活中已经变得十分稀缺，因为人们似乎已经被快节奏的生活所包围，快、速、急成了生活的主题。但生活的智者谦和而温厚，懂得唯宽可以容人，温和地对待每一个人、每一件事，如春风化雨，润物无声。悠然自得的生活，才是智者的生活。

1. 存仁善之心，行仁慈之事 / 095

2. 投之以桃，报之以李 / 097

3. 口出善言，温暖人心 / 100

4. 以平和之心，纳福成长 / 102

5. 善待他人，成全自我 / 105

6. 放低姿态，懂得倾听 / 107

7. 喜忧无常，全在心境 / 109

8. 自以为是，害人误己 / 111

第七章 | **淡名淡利，清心素雅——淡泊人生平静自在**

腹有诗书气自华。朴实无华的外表，并不能释去内在智慧所绽放出的光彩！不追求名利，简单朴素的生活同样可以显示出自己的志趣；不追逐热闹，心境安宁清静，同样可以达到远大的目标。风轻云淡之后，风景这边独好。

1. 淡然处事，海阔天空 / 114

2. 抛开名利诱惑，独善淡然之身 / 116

3. 保持冷静，沉着应对 / 119

4. 看淡名利，轻松上阵 / 122

第八章 | **不取邪财，正视名利——淡泊人生无欲无求**

有人说："金钱是一种祝福，不过只有在离开它之后我们才能受益。"其实金钱本身并无善恶之分，全在人们如何使用。以一颗平淡、不争的心去接近它，它便会展露善的一面。我们要做的就是要管住自己的内心，不取邪财，方得智者之心。

1. 灵魂至上，淡泊名利 / 125

2. 清心寡欲，回归本真 / 128

3. 明眼看世界，淡泊是关键 / 131

4. 财富的意义 / 134

第九章 | **承受失败，自由坦荡——淡泊人生张弛有度**

长风破浪会有时，直挂云帆济沧海。人生就像一场旅行，有风雨、有坦途，过程艰辛却也乐趣无穷。很多人都希望可以在人生的旅程中守住一份安逸，然而，安逸有时会成为一种惰性，"居安思危"的道理是对追求安逸者最大的启迪。

1. 淡然从容，宽广一生 / 137

2. 失败乃成功之母 / 140

3. 淡泊人生，自由飞翔 / 143

4. 在失望中寻找希望 / 145

5. 坦然接受，终见花开 / 148

虚怀若谷，沉稳前行——淡泊人生不卑不亢 ｜ 第十章

何为成败？有时得便是成，失便是败；有时却是恰恰相反。你是否曾经为成功而感到骄傲，为失败而感到懊恼呢？那么请一定要记住，人生没有定数，当你正经历成功时，就要预见未来可能出现的失败；当你面临失败时，同样要思虑未来成功之时。

1. 虚怀若谷，清心寡欲 / 151

2. 坦然地输，才能精彩地赢 / 154

3. 经历过，就很美好 / 157

4. 看淡世事，方得始终 / 160

得之淡然，失之坦然——淡泊人生顺其自然 ｜ 第十一章

福祸相倚，得失相伴，坦然些，淡定点，一切都会过去。"逃避，不一定躲得过；面对，不一定最难过；孤独，不一定不快乐；得到，不一定会长久；失去，不一定不再拥有。"如果你对一件事太过计较，那么，失一定大于得。

1. 审时而取，度势而舍 / 165

2. 有失意，才有得意 / 168

3. 计较太多，过犹不及 / 170

4. 失去是得到的前奏，失意是开心的伏笔 / 173

5. 得失之心，适可而止 / 175

第十二章 | **静守岁月，安享寂寞——淡泊人生静观世界**

古来圣贤多寂寥。当寂寞来临时，轻轻合上门窗，隔去外面的喧嚣，独坐灯下，平静地等待着身体与心灵的合一，净化悲欢交集的思想。在人生的道路上，安享寂寞可以摆脱多余的苦闷，而牵挂空虚只会让幸福远去。

1. 一蓑烟雨任平生 / 178

2. 有梦想，不放弃 / 181

3. 耐住寂寞，守得云开见月明 / 183

4. 野百合也有春天 / 185

5. 守住寂寞，静待繁华 / 188

6. 岁月静好，偏安寂寞 / 191

第十三章 | **心宽如海，心平气和——淡泊人生平静安宁**

心不平，则气不顺，气不顺就会生气，一旦生起气来，人就会缺乏理性，容易伤人误己。等到事后平心静气想来，又会懊恼自己当时为什么要生气，以至于落得如此尴尬境地。其实，一切都只不过是因为你心胸不够宽、心气不够平。

1. 潇洒的人生需要一点气度 / 194

2. 排除杂念，给心灵一份纯净 / 197

3. 放宽心，莫计较 / 200

4. 做自己，做最好的自己 / 202

第十四章 | **执着向上，清静安宁——淡泊人生随心随性**

做一个充满阳光的人，驱散抱怨的阴霾。生活中，总会遇到许多烦恼，不抱怨，方能获得属于自己的一片晴空。心里的抱怨多了，就装不下幸福和快乐；心里充满了阳光，有了正能量，生活自然充满幸福感。少些抱怨，多些阳光，做个幸福、淡定的人。

1. 悦纳苦痛，方得甘甜 / 205

2. 大度些、淡定点，生活有光彩 / 208

3. 窄与宽，一念之差，谬之千里 / 211

4. 烦恼面前，一笑而过 / 214

5. 远离抱怨，还心灵一份自由 / 215

平淡如水，从善如流——淡泊人生平静恬淡 ｜第十五章

在五光十色的现代生活中，我们都应该记住这样一个简单的道理：活得简单就是一种享受。每天给自己的心腾出一片空闲，感受春日的温暖、夏日的热烈、秋日的凉爽、冬日的安详，平平淡淡而简单有趣地活着，成就一份如月的从容。

1. 拂去心中的浮尘，还心灵一片安宁 / 218

2. 平和如水，从容如月 / 221

3. 不拘小节，回归平静 / 224

4. 幸福与忧虑无关 / 227

5. 平凡的人生，简单就好 / 229

沉着冷静，处变不惊——淡泊人生远离纷扰 ｜第十六章

冲动的魔鬼驾驭着心魔，淡定者可以控制好自己的心境，不冲动，不急躁，沉稳应对纷繁。用一颗平常心感知世界。淡定者表面风平浪静，其内心包罗万象，能冷静面对沉浮、静观其变。正所谓，不动声色的人颇具大智慧，遇事沉不住气的人往往成不了气候。

1. 冷静明理，才能处变不惊 / 233

2. "冷处理"，和谐中带着睿智 / 235

3. 笑对沉浮，静观起落 / 238

4. 作决定需要智慧 / 241

5. 走出冲动的怪圈 / 243

第十七章 | 云淡风轻，豁达自如——淡泊人生淡定从容

"世上本无事，庸人自扰之。"说的就是纠结、抑郁者。人们往往抓住一些小事纠结不放，长此以往，心里的困惑越来越多，最终郁结于内，越来越不快乐。不如将"心中的垃圾"倒空，像山间小溪一样，唱一支欢快的歌，给自己一个豁然开朗的空间。

1. 云淡风轻，惜别昨日 / 246

2. 心灵简单了，也就快乐了 / 249

3. 远离纠结，淡然处世 / 251

4. 给心灵一个出口 / 254

5. 淡定从容，闲言自散 / 258

第十八章 | 心系希望，坚定前行——淡泊人生幸福简单

我们时常觉得自己不幸，是因为看事情太过悲观。悲观者容易自卑，于是不敢去尝试，心中更没有希望，渐渐地就会自暴自弃。不妨把心门打开，让乐观的阳光照射进来，试着换个角度想问题，便不难发现，原来世界如此简单。

1. 爱笑的人，运气不会太差 / 260

2. 信念——命运的最强音 / 263

3. 希望的天空下，是乐观的世界 / 266

4. 心存美好，生活就会变得美好 / 269

第一章　心性洒脱，随心随缘
——淡泊人生无忧无虑

　　浮华一生，淡忘一季。俗事纷扰，人心充斥着欲求，
故为人处世易计较，行止起居常怀担忧，难感安稳与开心。
人生长路，难免遇到坎坷与险境，需要的是豁达的心胸与
聪颖的智慧，才能放下大千世界的纷繁。万事顺其自然，
得意失意方能安泰。

1.放下，亦是另一种开始

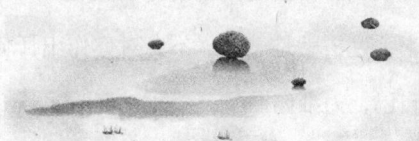

　　一个女人心里充满烦恼，她来到寺院向禅师请教："师父，我整日沉浸在回忆里，无法正常生活。我如何才能放下我的过去？"

　　禅师请女人一起去庭院捡落叶，女人见风刮个不停，便对禅师说："师父，不要捡了，反正会有人来打扫。"禅师说："我捡起一片，地上就干净一分。"女人说，"你捡起一片，风就吹下一片，哪里捡得干净？"

　　禅师说："地上的落叶也许捡不干净，但是我们心上的落叶却是捡一片，少一片，我们不能停止捡拾心上的落叶。你收起一寸心事，烦恼就会少一点儿，总有一天，烦恼会在你的调节下无影无踪。"

禅师捡起落叶，是在打扫心中的烦恼。那些不能忘怀的过去就如同心间的落叶，你不清扫，它们就在原地躺着，用枯黄的颜色和苍老的形态提醒你它们的存在；如若你能将它们清扫掉，很快就会想不起它们确切的样子，最多记得一个轮廓，但它们却已经不能再烦扰到你。心间的"过去"，忘却一些少一些，唯有扫净烦恼，人才能自由呼吸。

人们难免会怀念过去，不论悲哀欢喜，都是我们曾经经历过的人生，也是不可替代的珍贵回忆。如果现实生活不如意，人们就会倾向于美化过去的回忆，在他们心中，过去的天比现在的蓝，过去的人比现在单纯，过去的感情比现在纯真，过去的一切都有明亮的色彩，而现实却黯淡、苦涩。人沉浸在这种怀旧的情绪中，精神也会随之低落。

还有一些人总是对过去所受到的伤害念念不忘，也许是受伤太深的缘故，他们总是反复诉说、悔恨，恨不得时间倒转，可以重来一次，再作一次选择。他们认为自己是受害者，长久地抓着过去不放，希望给自己一个交代。事实上，过去就是过去，不会对你作出任何补偿，你越是不愿放手，越是耽误你自己，为难你自己。

高中时，林奇与3个同班同学是十分要好的兄弟。高中毕业后，林奇考上了上海的一所重点大学，其他几个朋友也各有出路，他们相约大学时一定要好好努力，今后做出一番事业。

智者心语

再多美好也会过去；再多失望也会过去。过去，也是一次新的开始。

大学时，林奇一直牢记当初的约定，刻苦学习。他发现大学里人与人之间的关系不像高中时那么简单，他和舍友、同学相处得不是很好，所以很怀念高中时与3个兄弟同进同退、推心置腹的那种友谊。毕业后，他本来有机会在一家不错的企业工作，但因为怀念高中时的朋友，他决定回家乡发展，也可以和几个朋友相聚。

没想到时间改变了许多，朋友们的外貌并没有太大变化，但各自有了各自的事业、家庭，见了面不像当年有说不完的话。林奇十分痛苦，他认为朋友们忘记了当初的约定。朋友们却对他说："并不是我们忘了约定，而是每个人都有自己的生活，每个人都要面对现实，过去的日子就当作美好的回忆，人要活在当下。"

消沉了一段时间，林奇终于决定回上海发展，他认为自己也该潇洒一点儿，活在当下。

过去的情谊的确美好，每每想起曾经的誓言都会激荡人心，故事中的林奇想要与曾经的伙伴一起奋斗，却没想到世易时移，每个人都有了自己新的生活。过去的一切并非是虚幻，只是努力生活的人应该认识到，最重要的不是过去说了什么，而是现在要做什么。

豁达的人能够正视过去，从过去的美好中，他们体悟生活的重要、情谊的重要，过去让他们相信人性、相信真情，这就是回忆带给人们的正能量；同样，从过去的伤痛中，他们愿意检讨自己、汲取经验，让这份伤痛也变成一份财富。不论美好还是丑陋，他们都清楚地知道自己手中应该拿起什么，心中应该放下什么。

我们不必忘记过去，但也不能留在过去。时光匆匆，未来的路漫长且悠远，留在过去，就是限制自己的人生，与其把自己的潜力留给回忆，不如一切向前看，向着新的征途出发，人始终是要向前走的。我们不必对过去的梦想执拗，也不用因回忆而过分伤怀。过去既然已经过去，那么就把过去的一切当成一份珍贵的回忆，豁达地面对那些悲哀欢喜，洒脱地走出来，迎接更加美好的明天。

2.顺其自然，争其必然

有一个和尚在寺院里修禅，时日一长，就生了焦躁之心，于是对师父说："师父，我决定去云游四方，提高自己的修为。"

师父看了看他说："我看你长进很大，只要继续在这个寺院中潜修便可精进，又何必去云游？"

和尚说："诸位师兄、师弟都比我有慧根，我看他们都已经到达了一定境界，只有我跟不上他们的禅修，想来我可能不适合待在这寺院中。"

师父对他说："人与人有别，他们修他们的禅，你悟你的法，这二者又有什么关系呢？"

和尚说："他们修禅，就像骏马，一日千里；而弟子却如驽马，即使拼尽全力，也不及他们十之一二。"

师父大笑说："骏马有骏马的优势，驽马有驽马的特长，各人有各人的缘法，你越是计较，越是阻碍自己的修为。我们参禅是为了悟万物缘法，你为此烦恼，又怎能参禅呢?!"

骏马和驽马都有自己的优势，太过在意自己与他人的差距，就是给自己徒增烦恼。有时候一点小糊涂不一定是坏事，笨一点儿又何妨？同样在努力，同样在做事，要在意的是自己做到的，而不是他人做到的，眼睛里只有他人，哪里还能看见自己呢？

计较越多就会失去越多，因为人们计较的常常是一些小事，计较生活中的小事，会落下心胸狭窄、气量不够的名声；计较事业上的小事，就容易一叶障目，不见泰山，耽误正事；计较感情上的小事，就会以偏概全，对他人产生偏见，影响两个人之间的关系。比较下来，就会发现得到的不过是一肚子怨气，失去的却是名声、机会、感情，小事耽误大事，由此看来，计较不如比较。就像故事中的和尚，哀叹自己无能或者忌妒其他修行者的修为境界都于事无补，不如自己专心悟道，古语云"驽马十驾，功在不舍"，花更多的时间达成别人用很少的时间就可以达成的事，其实并不丢脸。天资有差距，过程自然会有不同，但结果是一样的。想要计较的时候不如先比较，看看那些自己没有的东西，而后努力去争取得到，自然就不会再计较。不计较是豁达，缩短差距是积极的体现，一个豁达而积极的人，又有什么事做不成呢？

经济危机到来的时候，史密斯先生焦头烂额，他的工厂出现了资金问题，如果不想倒闭，只能尽快裁员。史密斯先生大笔一挥，半数员工被解雇了。

史密斯先生性格上有些暴躁，平日动辄即对员工训斥，被裁的员工无不对他咬牙切齿，甚至有人和他当面争吵起来。只有一个人没有对他横眉冷对，这个人便是清洁工人杰克。

当众人都已离开工厂，杰克却独自一人擦拭着机器上的机油，史密斯先生看到这一幕，奇怪地问："你已经被解雇了，为什么还要留在这里干活？"

"解聘书明天才生效，今天我仍是这里的员工，所以必须完成今天的工作。"杰克平静地说。

"我平日经常对你发脾气，你难道不生气吗？"史密斯先生问。

"先生，您是我的老板，给了我工作，我必须尊重您。"杰克回答。

智者心语

平静的外表下，拥有一颗平静的心，才能让人生之路走得更远、更好。

半年后，史密斯先生的工厂状况有所好转，杰克收到工厂的聘书，邀请他回去工作。而半年前和他一起被辞退的员工们则没有得到这样的机会，依然在为找工作而烦恼。

人与人的相处常常存在着计较。今天你得罪了我，明天我记恨了你，就像数念珠一样没有尽头。与其如此煎熬，不如豁达一点儿，就像故事中的杰克，记得老板的好，便不会在老板有难的时候落井下石，当然相应地也会得到老板的尊重与扶助。

现实生活中，利害冲突不断，我们置身其中，有时深受其累。这个时候只能告诉自己不要计较太多，不要让自己徒增烦恼。唯有如此才能做到游刃有余，不被人事所累。不计较，既代表了一个人的大智慧，又象征着一个人开阔的心胸。

面对利害与冲突，对事不对人便是一种智慧。豁达的人并非任由他人打压，他们能与他人保持友好的关系，知道对事不对人的道理。在一件事上，每个人都有不得已，该理论的时候就理论，不能让步的时候寸步不退；但当这件事结束之后，互相理论的人仍然可以做朋友，如果欣赏彼此的为人与品性，那么就可以在其他方面通力合作、亲密无间。不必为那些琐碎的小事而烦恼，你计较得越少，收获得就越多。

3.立足当下，发现幸福

马老师是个乐观的老太太，好像天塌下来她都能像没事人一样，甚至还会唱着歌。她的这种性格很受学生们的喜欢，为升学烦恼不已的学生们经常

请教她："难道您不会担心吗？难道您没有烦恼吗？"

"10年前，我的烦恼比你们还多。"马老师笑呵呵地答道，"那时候我整天都发愁，担心工资不够，担心学生惹事，担心先生的工作不顺利，担心孩子生病……而且那时候我的脾气很暴躁，经常大发雷霆，身边的人都小心翼翼地对我敬而远之。"

"可是您现在脾气很好啊！"学生们说。

"是啊。我先生的妹妹是个心理医生，当时，她经常打电话开导我。当我为了升职而烦恼时，她会说：'就算不升职又有什么关系？何况，你的业绩好，能力强，怎么会没有机会呢？'就这样，每次我担心什么，她都让我知道我的担心是多余的，让我顺其自然。渐渐地，我发现我担心的事真的很少发生，可能是我太过紧张，搞得自己神经兮兮的。后来我试着控制自己的情绪，凡事都往好处想，于是我就成了现在的样子！"

一个人的性格与他的生活状态有着密切的关系。整天乐呵呵的人，凡事想得开，不易自寻烦恼；与人相处时能够多为他人着想，更容易被他人喜欢；身上总是带有欢乐气氛的人，让人更有亲近感。相反，那些整天忧心忡忡的人，遇事爱钻牛角尖，劳神费心；与人相处总是给周围的人带来压力，而旁人对他们的态度也往往是能避则避；他们总是带着一种忧伤的气场，极重的负能量让人不愿接近。就算彼此有完全相同的生活环境，后者依然不快乐。

在生活态度上，对人对事应该豁达，凡事都多往好处想，有担心就无法放心，无法放心就不能开心。有的人活着总给自己找乐子，有些人却反其道而行，常给自己找闷子。要知道世

智者心语

今天走对的每一步，都会在明天看到前一天留下的灿烂足迹。

界上的事往往不能完全顺心顺意，遇人不淑，往往就会产生摩擦，令人忐忑。不过更多的要相信人心光明的一面，每个人都想追求一种和谐的人际关系，但是如果处处设防、事事小心，有时反而会把好事想成坏事，把美食当作鸡肋。

科学研究表明，过多的担忧会影响人的寿命，忧郁也会对人的健康产生影响。在一项针对老年人寿命的调查中显示，那些长寿的老人大多性格开朗、喜爱热闹，而那些性格忧郁的老人常常郁郁寡欢。生命只有一次，为什么要陷入忧郁，让自己的幸福大打折扣呢？

当你感到幸福的时候，自然不会主动走近阴影，但就算有了不如意，也要向着事物好的方面思考，让自己心里有更多阳光，充满正能量。有时，担心往往是多余的，你以怎样的眼光看待这个世界，世界就会变成什么样子：心理灰暗的人，看到的每个人都心怀恶意；心胸豁达的人，看到的便是海阔天空。

4.豁达，人生的另一种境界

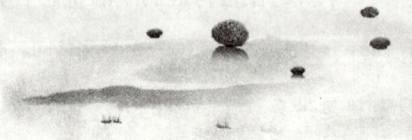

在英国的一所著名大学，一位哲学老师曾进行过一个测验，他将一张张白纸放在每个学生的书桌上，问他们看到了什么。

有些人说："老师，我看到的是一张白纸。"

有些人说："老师，白纸上什么也没有，我什么也看不到。"

极少数人说："老师，我看不到尽头。"哲学老师说："我欣赏你们，你们的思维没有边界，目光不只盯着一张纸，还能够超越事物本身，延展到更宽广的领域。你们的眼界更高、心胸更宽，这样的人，才更容易成功。"

面对一张白纸，有人看到的是白纸本身，有人看到的是空白，也有人看到了无限的可能。第一种人往往活得现实，一是一，二是二，他们循规蹈矩，做着应该做的事，不会有任何出格的举动，他们的生命安稳，却也平淡；第二种人往往活得无力，他们认为既然一切都会过去，努力没有必要，活一天算一天，他们的生命轻松，却也空虚；第三种人活得有热情，他们认为生命只有一次，必须做点儿什么证明自己的价值，他们相信未来，也相信自己的能力。

　　相信梦想也是一种豁达，当一个人不为自己的出身卑微而自暴自弃，不为此时的弱小怨天尤人，不因一时、一事的顺而对自己失去信心，武断地下结论，我们就不得不佩服他的心胸，也只有这样的人才可以成就大事业——因为，不论是优点还是缺点，他都能够接受自己，因此能够突破自己。

　　想做出一番事业，首先要有做事业的胸襟，要相信一个人的成就必然与他的心胸成正比。举个简单的例子，做事业需要有伙伴，这些共事者身上可能有你难以忍受的品德或者习惯，甚至有人会冒犯你，经常跟你唱反调。你能不能包容不合自己心意的那部分？如果不能，那么你只能吸纳自己喜欢的部分，最多是一条河；只有吸取更多人的力量和智慧，才能有海纳百川的恢宏气势，所以古人说："不积小流，无以成江海。"

　　王硕与庄吉是商场上的一对老冤家，他们都做器材生意，经常产生矛盾。王硕为了挖庄吉的墙脚，常常对合作者造谣说："庄吉的工厂存在很大问题，产品常常有质量隐患。"庄吉听到这件事后非常恼火，但他的"军师"经常劝他要戒躁忍性，不可争一时之气。

　　有一次，有客户找庄吉谈一笔大生意，没想到对方需要的产品型号刚好不是庄吉工厂生

智者心语

有思想在、有智慧在，就不怕前路坎坷。

产的那种，反倒是王硕那里的专长。庄吉想起"军师"常常劝告自己的话，就直接将王硕的联系方式告诉了那位顾客，没多久，王硕就签下了这笔巨额订单。

此后，王硕再也没有在背后对庄吉造谣，反倒主动地把一些客户介绍给庄吉。双方发挥各自的优势，通力合作，很快打垮了其他对手，占据了国内市场。庄吉很庆幸自己当年的大度，否则，他还在与王硕争夺小市场，根本不会有今天的成就。

俗话说："宰相肚里能撑船。"想成大事者就要懂得包容。故事里的庄吉主动与和他有矛盾、有竞争的王硕和解，换来了一位强有力的同盟者。如果总是计较过去的那点儿怨恨，两个商人不断作对，两败俱伤，又怎么会有后来的大成就？

想做一番事业，就要学会掌控全局，也许你今天吃了亏，但吃亏是为了将来的前途打算，比起未来的收益，一时的小亏又算得了什么？何况为了一时的得失计较，眼光就只能盯住这一时，如何看得更长远？做事情要看全局，而不是局部，就像下棋高手不会在乎一个棋子，甚至会舍车保帅，千万不要因为一时的鼠目寸光而耽误自己的前程。

做人要有容人的雅量，有时被人冒犯，不必往心里去，只当作是一句过耳闲言，何必反复琢磨？人的心空间有限，整天放着琐事，还有什么空间装大事？对待他人的缺点，也要能担待、肯担待，不要过分苛责，如此，与他人相处才能更加和睦、长久。对待他人的错误，要用谦和的态度指正，揪住小辫子不放，并不能真正从根本上解决问题，谦和才能让人真正心服。要把精力放在那些真正有意义的事情上，有了豁达的心胸，才能做到万物不介于怀。

5.常怀随缘之心

一对夫妻结婚后日日吵架，吵得四邻不宁，还经常惊动双方家长。妻子对闺密们抱怨："我真不明白，结婚前我们两个有说不完的话，一天不见就像少了点儿什么，为什么结婚后看对方就这样不顺眼，恨不得对方立刻从眼前消失。"

常言道："劝和不劝分。"闺密们都劝她想开一点儿，多体贴一点儿，只有一个朋友对她说："你们的个性本来就不合，恋爱的时候还能相互忍耐，一旦朝夕相对，缺点无法掩藏，吵架也就是很自然的事了。有些人并不适合走入婚姻，与其痛苦着，你们还不如赶快离了呢。"朋友们大惊失色，没想到她会说出这种话，纷纷责怪她乱讲。

可是，就像这位朋友所说，一对夫妻如果性格不合，是根本无法一起生活的。半年后，他们的感情彻底破裂，还是选择了离婚。离婚后女人对这个朋友说："其实我也早就知道不合适，总是想着再试试，再忍忍。早知如此，我半年前就应该按你的话做了。不够果断，害的是自己。"

常言道："宁拆十座庙，不毁一桩亲。"故事中的朋友看出女主人公在不适合的婚姻中挣扎，再维持这段婚姻也很困难，索性做个"恶人"，提醒她赶快放弃。人也只有学会放弃那些不适合自己的东西，才有可能真正学会判断，知道什么适合自己，什么对自己更有利。如果优柔寡断，总是放不下，就只能和不如意的现状纠缠不清，痛苦不堪。

世界上有很多坚持其实并不值得。就如故事中天天吵架的夫妻，感情不再，只有对彼此无休止的抱怨，甚至从抱怨发展为仇恨。这种坚持换来的不会是守得云开见月明，只能是更坏的结果。此时，一味地坚持只会让不愉快的经历延长，浪费时间，浪费感情。与其如此，不如当断则断。

有时候面对烦恼，我们会告诫自己"将就一下"，但"将就"带来的结果是什么呢？"将就"只是使原本已经激化的矛盾再多酝酿一阵子，很多时候，"将就"就是和稀泥，事实上并没有改变它的性质。这样终将会有一天，迎来矛盾的爆发，那时造成的伤害可能会更大，倒不如在该放弃的时候果断放弃。

安易的一位朋友失恋了，周末，她赶到朋友家前去安慰。没想到朋友竟然没有预想中的消沉。安易说："真没想到，你恢复得这么快。"

"哪里，虽然我也是'伤筋动骨'，不过伤心归伤心，我也能想开。"

"想开？你是怎么想的？说来听听？"

"以前我姐姐来我家，看到我养的兰花很羡慕，我就打算送她两盆，你知道她说什么吗？她说她很喜欢花，但是她不是养花的人，不懂得养花技巧，也不了解花的习性，如果把兰花放到她家，就会糟蹋了这美丽的花。我想也许恋爱就像养花，养不好这一株，就不要霸占着它，而是让更适合的人来养。有时候，放开反倒是最好的结局。"

智者心语

放手不适合自己的，才有机会迎接更适合自己的。

好梦从来容易醒，失去爱情是人生最伤心的事之一，失恋的人容易消沉，容易借酒浇愁，也容易从此自称"看破红尘"，不再相信爱情。这类人看上去已经放弃了一段爱情，其实还在这段已逝的情感中纠结，被一个不愉快的结果长久地影响自己的心境与人生态度。而故事中的这位朋友却很豁达，懂得"缘来躲不了，缘去莫强求"的道理，自己不适合对方，不如让对方找到更适合的。而换句话说也是：对方不合适自己，自己也会找到更适合的。

我们总是强调"坚持"的重要性，似乎"坚持"等同于"精诚所至，金石为开"，但在现实生活中，有时候"精诚"是有的，却不一定能换来"金石为开"，倒会因为错误的坚持而耽误了远大的前程。要知道有时候对一个选择的坚持，既可能让你走得更远，也可能让你无路可走。

坚持更应该合乎实际，如果在错误的方向用错误的方式一意孤行，就是固执。但是很多人明明知道这一点，却不愿意摈弃自己的"错误"。因为他们已经为此付出了各种各样的努力，觉得中途放弃不仅是否定自己，也枉费了那些花费掉的时间和精力。这个时候我们需要的是一个豁达的眼光，因为此时的放弃是在避免更多的错误与失败。有时候，放弃也是一种坚持，一种对前程与更好未来的坚持。

6.怀安然之心，万物顺其自然

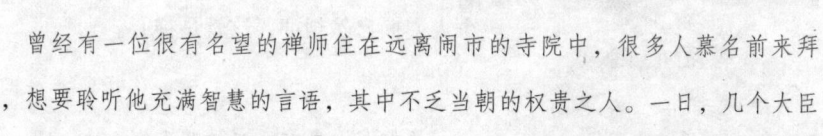

曾经有一位很有名望的禅师住在远离闹市的寺院中，很多人慕名前来拜访，想要聆听他充满智慧的言语，其中不乏当朝的权贵之人。一日，几个大臣相约拜访禅师，一行人在山中泉水旁谈天，有位大臣向禅师请教万事万物的道理。

当时正值初秋，山里的树木半青半黄，禅师指着一棵树问道："您认为，这树是枯萎的好，还是繁茂的好？"

"当然是繁茂的好！"有人说。禅师却说："繁茂的东西免不了枯萎。"

"我觉得枯萎的好。"又有人说。禅师说："枯萎的也会成为过去。"

"那么到底什么才是最好的呢？请大师指点。"几位大臣同时作揖道。禅师说："繁茂的就让它繁茂，枯萎的就随它枯萎，这便是最好。"

繁茂也好，枯萎也罢，大自然的一切均遵循四季规律，对于树木，春天抽枝，夏天繁茂，秋日结果、落叶，冬日休养生息以待来年，一生一息的轮回方式是最合理、最自然的，也是最好的生存方式。如果放进暖棚，恐怕树木会觉得疲惫，观者也会觉得太过刻意。唯有自然，最为美好。

人生亦是如此。人生悲欢离合之事就像月的阴晴圆缺，是无从变更的自然现象。生老病死伴随着每一个人的生命，人们为之苦恼，却也逃不过它的束缚，这就是生命的本质。一个遵循自然规律的人，幼时嬉戏，壮时立业，老来颐养天年，顺其自然就是生命的最佳状态。唯有遵循这种自然规律，身心方能达到和谐，领略人生每个阶段的乐趣，这样的生命才是完整的。

与人相处也应顺其自然，人与人之间的相遇是冥冥中的缘分。当缘分来了，纵然相隔千山万水也会相遇；缘分去了，纵然只有一街之隔也难相见。在拥有的时候珍惜，在远去的时候珍重，领会到自然、不强求的境界，就是豁达。豁达的人不强求，他们知道万物的缘起，也知道生命的归宿，与无尽的宇宙相比，人的存在如沧海一粟般渺小。世界上的一切都应顺其自然，每个人遵循自然规律，这就是禅心。

智者心语

人世繁华，却总有其规律，一切顺其自然便好。

从前，山里有一户贫苦人家。这一天，母亲交给儿子一个碗，吩咐他去山那边的集市买一碗油。儿子装了满满一碗油，小心翼翼地端着往家里走，可他越是小心，越容易出错。在村口，他被脚下的石头绊了一跤，不但油洒了，连碗也摔碎了。

儿子被母亲痛骂了一顿后，母亲又给他一个碗说："再去打一碗，这一次别再打碎了！"儿子刚要走，母亲又说："打半碗就行，回来的时候不用太小心翼翼，该做什么做什么。"

儿子按照母亲的吩咐打了半碗油。回来的时候，他像往常一样左看看、右看看，没有留意手中的碗。这一次，他平平安安地回到家。母亲说："越是过分在意，越容易出错，保持平常心，就是最好的状态。"

失去一碗油、一个碗，就算再可惜、再抱怨也不能让它们回来，与其抱怨，不如更加小心；凡事太过小心翼翼，往往容易因为太过紧张而产生疏漏，而保持平常的状态，错误往往最少。所以保持一份轻松平和的心态来面对事物，这就是顺其自然。

顺其自然也是为人处世的道理。一时不如意，不必垂头丧气，因为人生有低谷也有高潮；一时遭人误解，大可不必解释，日久见人心，他人总会了解你的真诚。有些人，一生都在追求不属于自己的东西，也许直到最后的时刻才能明白，什么属于自己，什么不属于自己，我们能够掌握的往往只有生命本身。可那些与年龄、感情、兴趣有关的欢乐，却早早被他们抛弃，再想追回却已无力回天，徒增感叹和悔恨。与其如此，不如一开始便珍惜当下所拥有的，用简单铸就幸福。

命里有时终须有，命里无时莫强求。自然的法则残酷却真实，你愿意接受它，它便不会亏待你，你总是违逆它，便是在为难自己。人如果能够顺其自然地生活，就不会在意那些终将成为过眼烟云的东西；想得开、看得透，了解与人争斗只是徒增烦恼，做一个豁达的人，不为虚名所累，在纷扰的世事中享受属于自己的那一份感悟，自得其乐。

7.不争方能与之争，常怀坦然之心

有一天，楚王外出打猎，在打猎回来的路上不慎丢失了自己的弓。这是一柄十分珍贵的弓，于是大臣马上派人去找，楚王听了却说："不必去找，我们回宫吧。"

"可是，那是一柄珍贵的弓啊。"大臣提醒道。

"那又怎么样？弓丢了，总会有人捡到，无论捡到的人是谁，不都是我们楚国人吗？这柄弓仍然是楚国的财富，又何必浪费气力去寻找？"

孔子听闻这件事后说："楚王的心还是不够大，为什么都已经讲丢掉的弓会被人拾到，却还要计较是不是楚国人呢？"

失去了弓而不去找回，认为捡到的人都是楚人，弓仍旧是楚国的财产。故事中的楚王可算是一位豁达之人，而孔子的境界则更进一步。孔子认为楚王还是有些小家子气，明明已经决定不再找那柄弓，却还是在乎捡到的人是不是楚国人。比起斤斤计较的人，楚王是大度之人，但在真正豁达的人眼中，楚王仍是患得患失之人。

患得患失之人对得失看得很重，不是担心得不到，就是担心失去手中的东西。患得患失的人始终在得与失之间不断摇摆，没有片刻安定。患得患失的人也很难真正开心，在他们没有拥有什么的时候，整天被欲念缠扰，总是想得到；等他们真正得到了，又开始担心到手的东西被人抢走，寸步不离地看管着。不论失去还是得到，他们都缺乏安全感，所以他们的身心非常疲惫。

像孔子一样认为丢了东西会被人捡到，根本无须为之叹惜的人，为圣者。圣人的境界我们很难达到，但我们可以做一个豁达的人。豁达的人并不是没有喜怒哀乐，得到的时候，他们会得意；失去的时候，他们也会难过。不同的是，得不到的时候他们不会觉得生不如死，失去的时候他们也不会就此一蹶不振。他们不会让负面情绪长久地陪伴自己，而是始终用正确的态度看待问题，凡事看得开。

20世纪，美国的阿波罗号实现了人类第一次登月。当时，阿波罗号上有两位宇航员，一位是阿姆斯特朗，另一位是奥尔德林。阿姆斯特朗首先登上了月球，他那句"我的一小步是人类的一大步"成为经典名言，与他的名字一起载入史册。

曾有记者问奥尔德林："如果您当时第一个走下阿波罗号，就会成为登上月球的第一人，为此您有没有觉得遗憾？"

奥尔德林却很达观地说："有什么遗憾？要知道，从月球回来，是我第一个走下太空舱，我是从外星球回到地球的第一人！"

阿姆斯特朗的名字早已与阿波罗号一起为我们所熟知，谁又记得同在一条飞船上的奥尔德林？而奥尔德林却早已看开了这件事：被人众口传诵是一种荣誉，参与了人类第一次登月也是一种荣誉，既然做到了这件事，又何必在乎别人有没有记住自己呢？可见奥尔德林是一个豁达的人。

豁达的人懂得开导自己，就像故事中的奥尔德林以幽默的语言回答记者的提问，他们知道自己痛苦是没有用的，不如让自己达观一点、

智者心语

属于你的，终将得到；不属于你的，终将失去。

开心一点。得到与失去不能分离，当你得到的时候，愿望就已经达成，这不是很好吗？当你失去了什么，拥有就不再是拥有，不妨告诉自己那已经不是自己的东西，你失去了，也在这失去中得到了怀念的感觉。

为人要学会豁达，因为在漫长的人生旅途中，我们需要经历太多的得到与失去。如果凡事都患得患失，我们的一生也会在得与失中摇摆，以致忘记了生命的意义是向前走；或者走得太过崎岖，始终患得患失。做一个豁达的人，得到的时候告诉自己一切都会过去，就不会沉湎其中，迷失心智；失去的时候庆幸自己曾经拥有过，就不会忧伤度日，耽误今后的生活。

8.随遇而安，才能开出幸福之花

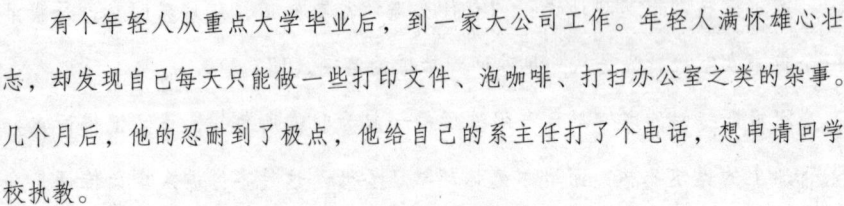

有个年轻人从重点大学毕业后，到一家大公司工作。年轻人满怀雄心壮志，却发现自己每天只能做一些打印文件、泡咖啡、打扫办公室之类的杂事。几个月后，他的忍耐到了极点，他给自己的系主任打了个电话，想申请回学校执教。

系主任接到电话说："你才刚刚毕业几个月，回学校执教有些过早了吧？"年轻人说："我根本就不该离开学校。如果继续做现在的工作，我一定会发霉的！"

系主任说："那么你觉得我的工作如何？当年我大学毕业，只是一个普通的学生辅导员，每天做的事比你还无聊，一干就是3年。"年轻人惊讶道："3年？您真有耐心！"

"3年后，系里有个老师退休，有人推荐我去教课，教的竟然是我不熟悉的秘书学。"系主任说，"不过我想，比起辅导员，当讲师是个进步，于是就开始教秘书学，一教又是 3 年。因为我的努力，和多年的精彩授课，才被提拔为系主任。依我看，你不要急着回校执教，继续你现在的工作，听从公司的安排，随遇而安，总有一天会等到机会！"

听了系主任的话，年轻人收起好高骛远的心思，每天认真完成公司交付的任务。3 年后，他成了那个公司的销售经理。

一个人想要成功，有抱负固然很重要，能力是最基本的条件，机遇也是一个关键点。不过仅仅有这些还是不够，想要成功的人还要有一种豁达的心态，这就是随遇而安、顺其自然的心境。故事中的系主任刚刚工作的时候就悟出了这个道理，他相信机会总有一天会来到，人不会永远坐在一个位置上。就是这份心态，让他在 3 年后开始了一路晋升。

有时候我们会感叹自己能力不足，现实的环境总不能让我们满意，却又不能改变什么，这个时候应该做什么呢？抱怨是最没有出息的做法，也最无济于事；没有目的、没有计划的行动只会让自己的人生更加混乱，因为凡事都需要工夫，你中途改变方向，就是浪费了曾经的努力；更忌讳放弃，因为你不能确定前方没有希望，怎么能说放弃就放弃呢？

很多事情都需要酝酿，机遇也是如此，不要太在意眼前的困境，要知道任何人都会遇到困境，一帆风顺只是理想状态；更不要轻举妄动，当时机还不成熟的时候就行动，只会带来令人失望的结果。要相信机遇对每个人都是公平的，只是属于你的那一份还没有到来，你要做的是做好准备，迎接它的到来，这样才会在它到来的时候紧紧抓住。在

智者心语

生活中需要一点洒脱的态度，随遇而安，往往邂逅最美的景色。

那之前，不妨先享受一下清闲，这不也是一种美妙的生命体验吗？

有个叫查理的小伙子喜欢旅行。有一年，他一个人去美国纽约，下了飞机，刚刚订好旅店，就被小偷"光顾"，钱包与护照不翼而飞，身上只剩一点儿零钱。旅客遇到这种情况，一般都会立刻去警察局报警，然后在旅店等待消息。查理哀叹自己不走运，不过又不甘心美国之旅就此成为泡影，决心靠手边这点儿零钱完成一次别开生面的旅行。

第二天，查理去参观了自由女神像等知名建筑，期间他认识了不少来旅行的年轻人。他们听说了查理的遭遇，便邀请查理与他们一起开车穿越西部，查理开心地答应了。

整整一个暑假，查理和新结识的朋友们畅游美国，他们住最便宜的旅馆，偶尔替人打工赚旅费。一个月后，查理回到纽约，乘机回国。朋友们听说查理丢了钱包，纷纷惊讶地问道："你是怎样在美国过了一个月？一定非常糟糕！"查理说："恰恰相反，我度过了一个非常愉快的假期！"

假设有一天，你一个人下了飞机，身在异国，护照丢失，身上只有几块零钱，你会如何？是急着找人求救，还是在警局里咒骂那个小偷？你会不会像故事中的查理那样，既来之，则安之，目的是旅游，丢了钱就来一次免费游，在现有的条件下让自己开心？恐怕大部分人很难做到这一点，就算勉强游览几个景区，也是愁容满面。

豁达的人并不多，豁达有时甚至被人们称作"阿Q精神"，被认为是自我安慰的逃避心理。我们所说的豁达是一种乐观的心理状态，豁达的人能够以最快的速度接受现状并向着积极的方向改进，而不会像阿Q那样只是接受，不去改变。豁达的人在判断过局势后会达观地重新思考既定的目标，作

020

出调整，进而获得其他收获。

豁达并不是见风使舵，而是在不能改变现状的时候，拥有一种放得下的心态。一个人的能力往往是有限的，勉强自己只会带来烦恼，不如随遇而安，耐得住寂寞，也许下一秒就会出现转机。陆游有一句诗写得很有哲理，又有禅意，他说："山重水复疑无路，柳暗花明又一村。"要相信生命中的很多惊喜就在柳暗花明之后。

第二章　荡涤纷扰，感悟生活
——淡泊人生简单快乐

　　常言道："酒足狂智士，色足杀壮士，名利足绊高士。"世人放不下酒色财气，故而成痴，唯有放下才是灵魂的出路。所谓"放下"不是放弃责任，而是恪尽责任，同时解放心灵。释放自然的天性，遵循事物的法则，得到的将是无负荷的心灵和海阔天空的人生。

1.心中空明，领悟幸福

　　有两个和尚一起云游四方，以增进自己的修为。这日他们来到一条河流面前，想必是连日下雨，河水暴涨，水流湍急，且河面无桥无船，两个和尚决定游泳过去。

　　这时一位年轻女子走了过来，向他们央求道："二位大师，小女子有急事要去对面的村子，可我不会游泳，能否请二位师父带我过河？"

　　一个和尚想："出家人以慈悲为怀，应该助她过河，可是一个和尚将一个年轻女子背在背上，河水自然会将衣衫浸湿，就算我本人并无杂念，路人看了，难免闲言闲语。"于是这个和尚没有应声。而另一个和尚二话不说，背起女子游过了那条河。

过河后，两个和尚继续赶路，没有背女子过河的和尚问道："你背那女子过河，难道不怕影响了自己的修为？"另一个和尚道："我们出家人万事皆空，又何必在意旁人的眼光和看法？如果在意那些，就不是旁人耽误了自己的修为，而是自误。"

万事皆空的人，心中空明，依然做着实事，而且比旁人做得更好。禅心代表着一种定性，智者想得明白，做得明白，不会介意他人的眼光，也不会在意他人的议论。只有完全参透、看透，才能毫无芥蒂地做任何想做的事、该做的事。就像故事中的和尚，只把助人当作己任，根本不在意他助的是一位妙龄女子还是位苍老妇人，这就是修为。

活在别人的看法中是一种痴，这类人过分注重社会关系和个人形象，把他人的看法当作行动指南和成绩单，很容易因他人的一句话改变原本的主意，更容易沦为他人的附庸。这种"在意"是种自误，此时应该告诉自己："做好自己的事，无须顾及他人眼光。"

唐亮学平面设计专业出身，毕业后在一家广告公司工作。唐亮是一个优秀却又敏感的女孩，很在意别人对自己的看法。她工作十分努力，却得不到上司的肯定，心里开始暗暗着急。

一天，唐亮在洗手间无意中听到上司在打电话，上司带着不屑又烦躁的口吻说："真不明白现在的大学生在学校都学了些什么？笨得要命，教什么都学不会，做出来的东西根本不能看！"唐亮认定上司是在说自己，她想自己很快就会被上司辞退，情绪十分低落。

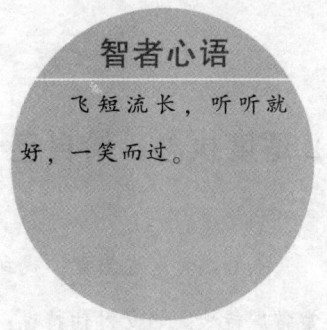

好在唐亮是个负责任的人，虽然有要被辞退的预感，她仍然认真地做好手头的企划案。只是每当同事们聚在一起，唐亮就觉得她们在议论自己的不是；每当上司投来一个眼神，她就觉得上司在琢磨怎么炒她鱿鱼。唐亮把企划书交上去，没想到居然得到了上司和同事们的一致称赞，同时，另一位同事被解聘了。唐亮这才明白：那天上司抱怨的人并不是自己。

一场虚惊之后，唐亮再也不自寻烦恼，给自己施加无谓的压力了。

生活中，很多烦恼都来自于内心的多疑与不自信。就像故事中的唐亮，对自己没有正确的认识和评价，一个武断的推论就让她烦恼数日，整天让自己生活在马上就要被解雇的压力中。其实很多时候压力都是自己给的。工作做得不好，上司自然会提醒，做得太糟，公司会有公司的决定，过多的杞人忧天并不能解决实际问题，反而会将事情搞得复杂。

现代人压力大，总希望着减压，事实上，很多压力来自于他们的自寻烦恼。淡泊的人就不会有这种烦恼，他们想的正好相反：我今天做成了什么事？是不是遇到了有趣的人？解决了什么麻烦……他们的思维是积极的，拥有了正能量，压力自然小。生活中会有很多烦恼，我们需要以平和的心境来看待它们：放下烦恼，海阔天空。

2.适度执念，给自己一片晴空

一个妇女跑进佛堂，找到住持诉说烦恼：她的丈夫经常辱骂她，婆婆也常常虐待她。妇女对住持说："我从小就信佛，相信因果，难道我这辈子就

要忍受这种命运吗？我是个善良的人，难道要忍受一辈子打骂，然后换得来世的幸福吗？"

住持说："这就是人们对'佛'的误解。佛法是希望可以解放一个人的心性，让人善良，让人自在。但你过分执着于善良与忍耐，凡事都忍。其实对于正确的事，你大可不必忍耐。人贵在执着，但过分执着却会成为生活障碍。执念，正是修为的障碍。"

妇女的遭遇让人同情，却也让人想要问一句："你为什么不反抗？你的善良已经接近病态。"即使是最懂得宽忍的佛家子弟，也明白人可以善良；但不能凡事都忍耐，丝毫不维护自己的利益。这种对善良的执着已经走向了懦弱，本质上已经不再是善良。

执着与过分执着有什么区别？以登山为例，有些人不过到了半山腰就下去，这是半途而废者；那些真正攀登到山顶，享受会当凌绝顶的快感，留下了美好的回忆，然后下山去攀登另一座高峰或者去做其他自己想做的事的人，就是执着者；那些好不容易攀到顶峰，从此留恋不已，再也不肯下山，或者到了半山腰，明明前方再也无路可走，宁可在山腰上抱怨也不肯下山的人，就是过分执着者。

一个年轻人读过很多书，写过一些被人称赞的诗歌，自以为是个天才，于是他想要得到更高的地位，以便受到更多人的关注，他对自己的现状越来越不满，于是陷入了痛苦之中。

年轻人的父亲见儿子愁眉不展，就对儿子说："你这么不开心，不如放下工作，和我一起到海边走走吧，也许海边的风景可以令你恢复活力。"

儿子和父亲去海边度假，有一天天早晨，他们看到渔船出海归来，渔夫将渔网里的鱼放在阳光下晾晒，儿子问渔夫："你们出海一次，能有多少收获啊？"渔夫说："我们不计较能有多少收获，只要不是空手而回，那就是没有白去一次。"

年轻人突然领悟到了什么似的，对父亲说："我觉得我没必要为现状哀叹了，如果看不到自己的成绩，我会越来越失落。事实上我已经得到了很多东西，还有什么好难过的呢？"

"是的，我很高兴你能想开了。"父亲说，"执着固然重要，但比执着更重要的是快乐。"

很多时候，执着代表着对自己的高标准、严要求，并不是坏事。但凡事都要有度，一旦要求过了头，就会变成巨大的压力，工作不再是工作，变成了压迫；成绩不再是成绩，变成了休息站，预示着前边还有更多事情要做；目标也不再是目标，变成了自我强迫的源头。

故事中的青年很幸运，他有一个明理的父亲，在他即将被压垮的时候，带他去大自然中放松身心，体味人生百态。人往往不能自己明白、醒悟，但如果长久地执迷不悟，只会被执念羁绊。执着本来是件好事，一旦过分执着，就成了人生的障碍。

执着到了深处就变成了一种贪念。执着往往是因为得不到，或者偏执的认为得到的不够多、不够好。这个时候继续追求，实际上已经超出了自己的能力和承受力。有时，人生最大的悲剧就是去追求错误的东西，这无异于放弃原本已经拥有的幸福，硬要走一条充满坎坷与荆棘的道路。一个明理的人应该懂得放下执念，与其被执念所累，不如活得洒脱。

3.一念放下，万般自在

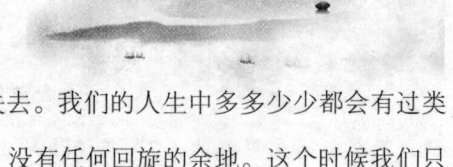

有开始就有结束，有得到就有失去。我们的人生中多多少少都会有过类似的经历：长时间的心血毁于一旦，没有任何回旋的余地。这个时候我们只能选择放弃，但放弃却使我们不甘心，无法放轻松。放弃应该从心中发出，面对过去的执念，唯有真正地放下，才能得到新的机会。

放弃不是一件容易的事，如果放弃的仅仅是手中不重要的东西，也许并不会介怀，但"放弃"这个词却往往与重要的事相连，而且这种"放弃"往往意味着从此不再拥有。人有执念，自然也会付诸相应的努力和行动，当得到一些成绩时，放弃就要将这些东西全部都抛掉，这对于大部分人来说是艰难的，所以有人说："得到难，放弃更难。"

那么，人们舍不得的究竟是自己已经获得的成果，还是那些已经付出的青春、精力、金钱？恐怕后者的成分要多一些。多数人都希望自己的投入有所回报，不希望自己的努力成了竹篮打水一场空。但正是在这种心理的作用下，让执念越来越深。明理的人不会沿着错误的方向一直走，他们会及时收手回头，因为他们知道继续纠缠下去只会失去更多。

清清是个美丽的女孩，在她任职的公司，有许多追求者仰慕她。但是今年已经27岁的清清却对此十分冷漠，拒绝了所有人的追求。

清清不谈恋爱有她的原因。在大学的时候，清清有个很喜欢的男朋友，可是二人个性不合，经常产生矛盾。两个人几经磨合，依然不能适应对方，放手是为了追寻更多，紧握只会流淌的更快。

最后只能选择分手。清清对这段感情投入很多，对这个结果非常失望。从此她对感情问题能避则避，更惧怕走入婚姻的殿堂。

清清的好朋友们经常给她讲道理："第一个不合适，难道第二个也不合适？不要因为一个不合适的人就对所有的人都失望。你不去尝试，怎么能遇见更好的人？"但清清一直沉浸在过去的失望中，不肯迈出一步。身边的姐妹们一个接一个地嫁人了。终于有一天，清清发现，再不重新开始，自己就要青春不再。

懂得放弃是一种智慧。过去已经成了定局，就算有再多的执着，有些事也无法挽回，一味纠结只会徒增伤感。就像故事中的清清，为了一段失败的感情经历而否定自己、否定感情，这种消极情绪已经影响了她的生活，如果不能及时摈弃这种负面情绪，迎接她的将会是孤单的结局。如果有一天她突然醒悟，恐怕要后悔自己错过了那么多美好的时光。

懂得放弃是一种能力，放弃代表一个人对某件事的决断。在最恰当的时候放手，即使有伤痛，也是最佳选择。对人生的烦恼更要懂得放弃，有一位高僧曾对徒弟们说过一句饱含智慧的话，教导他们脱离苦海，这句话只有两个字——放下。放下执念，便能明理；放下烦恼，便有自在；放下欲望，便可超脱。多少智慧都在这两个字之中，需要人们细细体会、反复琢磨。唯有放下，心灵才能容纳更多的智慧，所以大智慧之人懂得放，懂得舍，懂得放弃也是一种获得。

4.拥有的"负重"

　　中国古代有个贤人叫许由，许由是个通达之人，平日不喜俗物，也没什么烦恼。有一次，他在河边用双手捧起水来洗脸，有人看到后，好心地送给他一个水瓢。许由用水瓢舀水洗了脸后将水瓢挂在树枝上。风吹过来，许由听见瓢发出的声音，觉得让人厌烦，于是将瓢还给送瓢的人，继续用双手捧水洗脸。

　　传说上古明君尧，倾慕许由的才能，愿意将天下交给他治理。可是许由认为尧治理天下很合适，自己不想画蛇添足，就拒绝了尧。可见，在圣人眼里，多一物就多一心。

　　许由是上古时期有名的贤人，他不求天下的胸怀，一直令后人追慕不已。那么许由是不是没有追求的人呢？当然不是。他不追求世俗之物，他所追求的是心中的清静，这才是他的最高追求。像这种只追求自己想要的东西，将其他放置一边的人，自然烦恼少。

　　人要生存，就要追求合适的谋生手段；人要感情，就要追求合适的灵魂伴侣。追求并不等于心存杂念，也不会与禅的要义相违背。只是人们渐渐发现，拥有的东西越多，负担就越多；想要的东西越多，心灵的负累也就越重。就像一个人背着背包，如果放进太多东西，就会负重行走，以致脚步越来越慢；心境越不明朗，开心也就离得越来越远。

　　可是人们很难放开已经到手的东西，这就是前面说过的"痴"；"痴"如果更进一步，就演变成了贪，它们的表现都是对某种事物的过度偏执。人生在世，难免会有偏执的念头，将已拥有的东西牢牢握在手里不肯放开。舍不得早已成为负累的旧物，就不能抓起生活必需的新物，更得不到两手轻松的宁静。烦恼来自不如意，不如意来自偏执，可见人们什么时候懂得放下，什么时候才能远离烦恼。

古代有个大官住在一所大宅子里，却经常觉得心烦意乱，很想寻个清静。但他发现天地虽大，清静之地却难寻，只好请一位高僧为他指点迷津。

高僧听完官员的烦恼，对官员说："大千世界，烦心之事很多。比如您身边这几位侍妾，每个人都佩戴着珠玉钗环，碰撞时发出响声，人一多，您自然觉得心烦意乱。不如让她们摘掉这些珠玉首饰。"官员依言而行，果然觉得耳边清静了不少。

高僧继续说："人生在世，人人求富贵，即使摘掉了身上的珠玉，心里想的仍是珠玉。只有将心里的杂念清除掉，才能如这房间一样安静。"

官员终于明白了自己心烦气躁的原因。从此，他勤恳于公务，不再醉心于功名，果然神清气爽，人们也越发敬重他。

智者心语

执念，有时是最沉重的羁绊。

世人常说想要觅一方清静的天地，可以暂时远离俗世烦扰，但是这样的桃花源迄今也没有人发现，周围仍然处处有烟火气，这"清静"总是无处可找。就像故事中的官员，眼看着簪环玉佩、功名利禄，哪里还有清静？可见拥有的东西太多，就会让人心烦气躁。

少一份拥有，便少一份执念，这不是要人

030

们一无所有，而是告诉人们要选择将最重要的东西放在手里，而不是拿着一堆零碎的边角。明理的人都了解，人生所必须拥有的不过是那么几样东西，其余的都是附加物，什么时候看透这一点，什么时候才能懂得专心致志。多一点也许不是坏事，但少一点却意味着轻松和得到更多的可能。人生的道路漫长，常常给自己减负，才能轻装上阵。

5.怀超然之心，便无拘无束

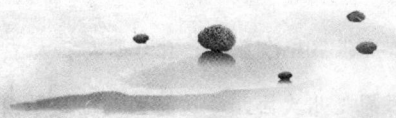

一个小和尚在一座寺院修行 3 年，自觉没有长进，便对师父诉说了自己的困惑："师父，我每天都在诵读佛经，一有时间就思考佛理，为什么觉得自己没有任何进步呢？"

师父说："在回答你的问题之前，我们先喝一杯茶吧。"说着，师父亲自为小和尚的茶杯斟满茶水。眼看着茶水溢了出来，小和尚说："师父，水溢出来了，杯子已经满了。"

"不，杯子没有满，还能继续倒。"师父说，继续倒茶。

"杯子已经满了，怎么能再容纳茶水呢？"小和尚说。

"那么，你的脑子已经满了，怎么还能容纳新的东西呢？"师父反问。

小和尚恍然大悟，说："原来我心里装不进东西，是因为它已经满了。我还没有消化之前的，就想要获得新的东西，欲速则不达，难怪没有进步。"

人们总是寻求心灵的宁静、祥和，却又害怕一成不变的生活，就算是修禅的人也渴望每天都能看到自己的进步。但是，欲速则不达，小和尚把自己的大脑装得太满，仿佛一个密闭的容器，不但装不了新东西，连旧的东西都无法正常流动，思维也就变得钝化，因此也就很难有进步。

比起肉体的衰老，精神上的停滞更加可怕。一旦思维被局限住，那么眼睛就不会注意到其他的东西，满脑子只围绕着一个东西转动，最后成了钟表上的指针，机械呆板，缺乏新意，这就是"痴"的代价。如果能给心灵留点儿空间，在这个空间里，我们可以站得高一点儿，想得深一点儿，看得远一点儿。也只有在这个空间里，你才能够察觉到自己有远离尘嚣的一面。

张黎和徐青是一对好朋友。大学时，她们在不同的宿舍，学不同的专业，每周见几次面，每次见面都要送给对方一些小礼物，还有着说不完的话。她们觉得对方就像自己的亲姐妹一样，只盼望毕业后两个人能够住在一起，朝夕相处。

毕业后，张黎和徐青终于能够搬到一起生活，但是她们的相处却并不理想。两个人住得近，矛盾丛生，难免挑剔对方，发生口角。终于有一天，两个人吵翻了，张黎嚷嚷着说要搬家。一位师姐听说这件事后对她们说："以前你们两个好得像是要穿同一条裤子，怎么毕业没多久就吵翻了呢？距离产生美，你们不用搬家，只要不住在同一间房里，保证没事。"

于是，张黎和徐青听从了学姐的建议，没有搬家，只是住到了不同的房间。二人有了各自的空间，关系果然缓和了不少，依然是很好的朋友。

常言道："距离产生美。"这句话是人与人相处的至理。两个人一旦太接近，缺点就会暴露无遗。不在一起的时候，想到的都是对方的好；朝夕相处之后，对方的缺点被放大，看到的都是对方的不好。

与他人保持一定的距离并不是件坏事，一朵花远看是美丽的，就不必近处观看，如果连它的缺憾也一同被看个一清二楚，既让你不愉快，也让它难过。

搞摄影的人都有这种体会：镜头只有调到不远不近时，拍出的相片才是最美的。人生亦是如此，通晓事理的人可以从容地调整自己的镜头，不必急切，放下执念，让心灵始终保持宽广的状态，在充满禅性的悠然自得中享受最美的一瞬。

6.有缺憾，是一种不完美的完美

有个蜡像家是出了名的完美主义者，他做的蜡像务必要和真人一模一样，否则就毁掉重做。他对自己要求太高，以致一辈子都没有几件成型的作品。到了老年，他预感自己将要离开这个世界，为了逃避死神，他做了9个自己的蜡像摆放在房子里，以避免自己被死神带走。

没过多久，死神来了，他看到10个一模一样、一动不动的人，迷惑不解，不知该带走哪一个。最后死神大声说："不要以为你能为难死神，死神知道你的一切。"说着，他指着其中一座蜡像大叫："看啊！这座蜡像的瑕疵多么明显，真是失败的作品！"

蜡像家"嗖"地跳了起来，抓着死神急切地问："瑕疵在哪里？瑕疵在哪里？"死神说："有没有瑕疵并不重要，重要的是我抓住你了！记住，太苛求完美会害死自己，世间根本没有十全十美的东西！"说着，他取走了蜡像家的性命。

有些人痴迷于完美，认为凡事只有做到十全十美才是成功，不允许有任何瑕疵。而这样的人最后大多成了偏执狂。故事中的蜡像家就是个完美主义者，他雕塑出的蜡像十分完美，也许能够骗过任何人。可是，完美既是他的优点，也是他的弱点，因为太过追求完美，他没有躲过死神。

大智慧之人戒痴，对普通人来说，需要小心的不是"痴"，而是过于痴迷。偏执者的误区在于别人是为了达到某个目的而完成一件事，而他们却会完全忘记目的，只想着如何做到最好，甚至可以为了一个小细节的完美，忘记整个大局。

古时候有个富翁，他有一个独生女，长得无比娇美，性格温柔，才情又好，可谓样样优秀。富翁爱若掌上明珠，在女儿很小的时候，就发誓只有世间最优秀的男子才配得上自己的女儿。

转眼，女儿到了婚嫁年龄，来提亲的媒人络绎不绝，可富翁总是对男方的条件诸多挑剔，认为对方配不上自己的女儿，于是，富翁拒绝了一个又一个求婚者。

又过了几年，富翁的女儿年龄越来越大，求婚的人越来越少，富翁的妻子劝他："不要再耽误女儿的终身大事了，找个差不多的对象就好。"富翁却说："我是对女儿负责才会如此，终身大事，怎么能随随便便呢？"仍然对求婚者挑剔不已。又过了几年，已经没有人来向富翁的女儿求婚了。

智者心语

完美主义者往往为生活中的不完美而困惑，其实，是内心的执念阻碍了完美。

富翁执意要替女儿选个最好的婆家，挑三拣四，耽误了女儿一辈子。其实不论人与事，合适与中意才是最重要的，如果非要制定一个"最高标准"，然后按图索骥，无异于大海捞针。就算真能找到，也许对方也是偏执狂，也会对你百般挑剔。

世界上也许有你心目中的十全十美，但甲之蜜糖，乙之砒霜，你所想象的完美在别人眼中可能是"不美"。凡事要求高标准没有什么不对，对自己要求严格能够提升能力，对他人要求严格虽然可能得罪人，却也会得到一部分人的敬重。但如果高要求变成了苛求，就会让人吃不消。何况你的标准并不是别人的标准，何必强人所难？

很美，却不完美，这才是生命的常态。

7.淡然处世，无忧纷扰

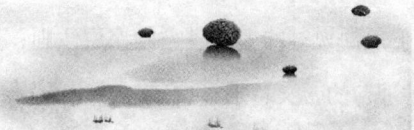

一个青年坐在村口不住地叹气，有位禅师经过问道："后生，你为何长吁短叹？"

"大师，我叹世事无常，人生不如意之事颇多。我本是一介书生，寒窗苦读，只待有朝一日金榜题名，谁知我朝近年战事不断，村里的男子都将应征入伍。"

禅师听罢，劝道："世人寒窗苦读，不过为一朝功名，战场之上依然可以功成名就。"

"可是，我也就要远离家乡。"青年说。

"远离家乡，也许赴塞外，也许戍北海，也许你会被派到战事不紧的北海。"禅师说。

"如果我被派到塞外苦寒之地呢？"青年说。

"塞外苦寒，亦可陶冶情怀、增长见闻。"禅师说。

"可是，如果我上了战场，刀剑无眼，死于战场怎么办？"青年说。

"死于战场，便归于大道，从此无知无觉，再也不必惊惧凡俗之事，所以施主无须烦恼。"禅师说。

青年听罢，深以为然，坦然放下心中重担。

人总是为命运担忧，从眼前一事便可引发出万千烦恼，没个了断。故事里的书生只看到了人生太多的不如意，却不能在不如意中看到机会，一味地认为自己时运不济，这种太过笃定的念头可称之为"痴"，也可叫作"执"。对一件事、一个想法太过坚持，就会把路越走越窄，再也不能心宽明理。可世间诸事纷纭，若不能心宽以待，又怎能有豁达与舒坦的心境？

什么是明理？在古代，"道理"并不是一个词，而是两个。"道"，是我们前面说过的事物遵循的深层法则；"理"，则是那些表面现象。到了现代，"理"的含义越来越宽泛。"明理"，既是知晓事理，也是通情达理。故事中的禅师既知"道"，也明"理"，他看事物不只看表象，还会推出前因后果，一旦看得透彻，就不会有那么多担心——路在脚下，与其担心不如尽快赶路，寻找机遇才是人生的主题。

有禅性的人明理，那么又是什么事会让人们愁眉不展、郁郁寡欢呢？不过贪嗔怨怒，贪念让人迷失心智，不懂知足；嗔怒让人肝火上升，伤神伤身；

智者心语

身处乱世，心静如止水；身处繁华，沉稳如磐石。

怨恨让人心生恶意，害人害己……人生的烦恼不过如此，一切都源于自己的执念。产生执念，便如种子植在心中，随着年岁的增长而枝繁叶茂，难以根除，甚至会被某些人误认为生命意义之所在，忽略了生命中其他更重要的事物。

古时，有个担任要职的官员，每天衙门里的大事小情杂乱如麻，让他心烦意乱。不但要为公事操劳，回到家里，还有一个正室、一个妾室、5个儿女争吵不休，让他心力交瘁。这一天，他独自骑马出城散心，看到绿草丛边有个牧童正在吹笛子，官员停下来与那个牧童交谈，他对牧童说："我真羡慕你，你只要放放羊、吹吹笛子，就能很快乐。"

牧童问："谁不是这样呢？难道你不是吗？"

官员说："我不是，我就算来到草地上，吹着笛子，心里也想着烦心事，不能解脱。"

牧童说："那么，难道这些烦心事是绳子，能绑住你的手脚吗？"

官员说："它们当然不是绳子，不能绑住我。"

牧童说："既然它们不能绑住你，你为什么不能解脱？"

官员听后静默不语，继而大悟。

世间的烦恼并不是绳索，人们却心甘情愿地被它们捆住，不知是烦恼缠人，还是人抓着烦恼不放。有时烦恼有着美丽的外衣，比如娇美的容貌、殷富的地位、人尽皆知的名声……人们在收获这些美好的同时也要包容它们的负面。倘若人们能够明白这些事理，客观地看待世间的一切，至少不会为了事物的负面因素而烦心不已。

修禅的人明理，因为禅义本就包含世间道理，教导人们看透事物表象，可以用心于生活，不可过痴过执。他们追求的是生命的宽度，而不是对一个"点"锲而不舍，如此将会深陷其中，难以自拔。生命有限，要体会的事很多，心宽之人可容纳更多人生风雨。世事无常，做个明理之人，方可于纷乱中觅得清静与智慧。

8.适度——爱的界限

一日，禅师散步路过一个花园，见花园莺语花香，一派春日祥和的景致。突然听到一棵高大的树上传来一阵哀鸣，举头看去，是一窝小鸟因害怕而啼叫。

"这么小的鸟却放在这么高的树上，难怪会害怕。"禅师不忍听到小鸟的叫声，就搬来了梯子，把鸟窝放在低一些的树枝上。

第二天，禅师再次路过花园，又听到小鸟的啼叫，于是他又将鸟窝放低了一些。如此几天，小鸟终于心满意足，发出欢悦的声音，禅师终于能够放下心了。

没过多久，禅师又一次路过花园，却听不到鸟儿的声音，只看到低矮树枝上空荡荡的鸟巢和散落的羽毛。原来，鸟巢放得太低，小鸟都被附近的野猫叼走了。禅师顿时明白，是自己对小鸟过度的爱致使它们最后丧命，于是懊悔不已。

一种感情一旦过度，就成了"痴"，过度的爱也是如此。想多为对方做一些事并不是错，但人们常常忘记自己并不是对方，自己需要的对方并不一定需要。更糟的是，有时你的援助非但不能帮助对方，反而还会给对方带来灾难。故事中的禅师本着一颗慈悲之心帮助小鸟，却害得小鸟丧生，这就是过度关爱，反而害了他人的例子。

世界上最伟大的感情就是爱。爱，既包括父母与子女之间无条件的呵护与扶持，也包括男女之间无缘由的吸引与迷恋，还包括朋友之间无偿的关怀与信任，更包括对他人、对世界的真诚奉献。但是，父母的过度溺爱会让孩子无法独立；情侣间过度地沉迷爱情会失去自我；朋友间过度地关怀就成了束缚……爱应该有一个限度，一旦超过这个限度，爱就成了一种伤害。

一对老夫妇住在一座海岛上，过着与世隔绝的生活。老人每天在近海捕鱼，妇人饲养家禽，夫妻二人生活平静。一日，一群天鹅落在海岛上，老夫妇很喜欢这些漂亮的鸟，便拿出谷物招待它们，天鹅们也很喜欢这对老夫妇。

日复一日，天鹅群分成两个阵营，一个阵营认为老夫妇心地善良，真心喜欢它们，它们应该留下来陪伴老夫妇；另一个阵营认为天鹅应该寻找更适合居住的地方，而不是居住在这个只能依靠老夫妇的海岛。两个阵营经过发生激烈争吵，无法达成共识。最后，一批天鹅飞走了，另一批天鹅留了下来，和老夫妇一起快乐地生活着。

过了几年，飞走的天鹅早已找到了栖息的乐土，它们再一次来到海岛，想要感谢那对老夫妇，也看一看自己的同伴。没想到，岛上什么也没有，只有当年的老房子。原来，这几年，老夫妇先后去世，天鹅来不及飞走，在湖面封冻的时候全都饿死了。而及时离开的天鹅靠着自身的能力，避免了这种厄运。

依赖是一种深厚的感情，故事中的人与天鹅相互依赖，彼此善待，在外人看来是和谐美满的一幕。有时候，我们的爱是对他人的一种回报，但要记得回报应该量力而行，如果你不能保证自己的生存与强大，又如何更好地回报他人呢？如果执着于这种依赖，很可能像故事

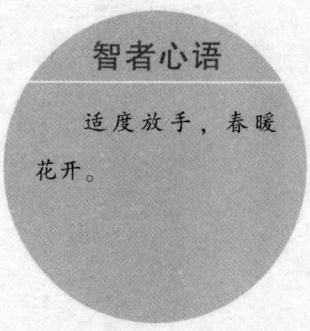

智者心语

适度放手，春暖花开。

中的天鹅那样失去生命，这也是一种需要放弃的"痴"。

有个成语叫作"情深不寿"，意思是感情太深反而不易持久，就像火焰燃得太烈很快就会熄灭。这种感情并非不真不美，只是没有注意适度。不妨在爱的过程中保有一颗禅心，用一种平和而有节制的态度付出爱、接受爱，这也就是佛家所说的"大爱"。懂得大爱的人，不会为一人一事过度执迷，他们的爱往往出现在人们最需要的时候，如春风化雨，恰如其分。

第三章　心怀感恩，重信重义
——淡泊人生有情有义

人之所以会觉得孤单，有时并不是现实环境中的孤单，而是内心上的空虚。重义者，不孤单。"义"是我国自古有之的一个概念，也是人们遵循了几千年的道德规范。当我们心中常怀仁义，自然会与贤者为友，以四海为家，永不孤单。孤单与充实，全在心境。

1.上善若水

有个姑娘护校毕业，被分配到一家大医院工作。她成绩优异，很快就成了护士中的佼佼者，后来又成为护士长。她经常给新来的护士讲自己的经历：

"我实习的时候，是个不懂事的孩子，以为当护士只要做好本职工作，为患者提供周到的护理就可以了。有一次，我护理一个病人，病人问我他究竟生了什么病，我认为病人有权利知道自己的病情，就告诉他是肝癌晚期。带队医生知道后严厉地批评了我，他说医生和病人的家属都知道病情，为了让病人有开朗的心情，他们都没有告诉他，希望他能在良好的感觉中走完生命中最后一段路。

"我将真相告诉了病人，病人整天忧愁，病情加重，很快就去世了。我将这件事告诉你们，是希望你们能有一颗为他人着想的心，时时刻刻为病人的心情考虑，这样才不会做出让自己后悔的事。种下善因，才能收获善果，如果种下恶因，只会让自己后悔。"

佛家讲究慈悲，对他人要心存善意，才能种下善因。那么什么是善意？善意不是单纯的好心、机械地重"义"，若不能体会别人的心情，只按照自己的心意行事，就算是好心也会办错事。就像故事中的护士，她以为自己做得对，却造成了一个生命的过早离世。

想做个有善意的人，首先要对他人心存善念。据说成功学大师卡耐基小时候常做坏事，他的母亲却认为小孩子的教育在父母，坚持说他是个好孩子——这就是以最善良的目光看待他人，即使他人有缺点，也要看到其闪光的一面、有潜质的一面。

有善良的眼光还不够，还要有善良的行为。不要按照自己的观念去猜度别人的心意，而要看别人需要什么。设身处地地为他人着想，才称得上真正的善待；否则就像对一个聋哑人唱歌，你的本意是安慰他的伤痛，他却认为你是在讽刺他、贬低他。

一位大官六十大寿，达官显贵们纷纷前来贺寿。有个与大官交好的商人也来祝贺，他送上贺礼，那份贺礼是一幅出自名家之手的牡丹图，珍贵的丝绢上，一朵朵牡丹栩栩如生，令人赞叹。

在古代，商人一向被人瞧不起，有个官员故意挑刺，指着牡丹图说："奇怪，这牡丹花画得是不错，怎么最上边那朵只有一半？这画

智者心语

行善的过程，给人以喜悦、快乐和满足感。

不全，不就是'富贵不全'的意思吗？真不吉利。"商人一看，牡丹花果然缺了半朵，只好检讨自己不够认真。

主人听了以后哈哈大笑说："牡丹代表富贵，半朵代表'无边'，这幅画的寓意就是'富贵无边'，这真是一幅好画！"在主人善意的解说下，商人紧皱的眉头才渐渐松开，宾主尽欢。

每个人个性不同，有人心细如发，有人粗心大意。粗心的人做事往往考虑不周，有时会得罪你，有时会耽误你，这个时候如果你急躁起来，伤害了他人的美意，也显得自己不够体谅别人。故事中的商人送了一幅残缺的牡丹图，旁人看着晦气，主人却知道商人的本意，用一句"富贵无边"既保全了朋友的面子，也显示了自己的豁达。

及时察觉别人的善意，是人际交往中十分重要的一部分。在现实生活中，与人为善即为义。如果我们都能以友善的眼光看待身边的人，生活中不知会减少多少纷争和误会；如果每个人都愿意善待身边的人，我们就会终日生活在温暖的关爱中。一个懂得修心的人无须要求别人什么，他们明白最重要的是自己的行为。善心生善行，善行种善因，如果每个人都能如此，世界便会充满大爱，暖若三春。

2.信任之泉，浇注美丽心灵之花

一位禅师接到从万里之外寄来的家书，家人说他的侄子性格顽劣、行迹浪荡，不管家人如何劝说，依然不务正业。家人希望禅师可以回家规劝这个侄子。

禅师接到这封家书后即刻起程，赶回家乡。家人团聚，欢天喜地，侄子特意邀请禅师在自己家中过夜。晚上，禅师对侄子说："我接到家书，原为来劝你浪子回头而归，但我今日看你性格热诚、生性憨实，并非奸邪之辈，可见是众人误解了你。我明日一早便要返回，你自己要保重自己。"侄子连连点头，连夜为禅师准备行李。

禅师回寺后，又接到家书，家人说侄子脱胎换骨，如今再也不做过去的浪荡之事。

什么是真正的"信"？对于这个字应该从两方面来看，不但要让他人信任，还要信任他人。人非圣贤，孰能无过？每个人都有犯错甚至荒唐的时候，但一时的错误并不等于一辈子的错误。就像故事中的禅师，对顽劣的侄子没有说教，只是以自己的行动来告诉对方："我相信你的人格。"正是这种无言的告诫让犯错的人反省自己，引导他走向正途。

相信他人的悔过，就等于给别人一个改正错误的机会。人人都会犯错误，但有些人不知道自己有过错，这时需要你的提醒，这就是一种信任；有些人知错不改，你指正他、相信他，仍然是对他的信任。信任是对他人人格的最大尊重。如果你信任一个人，即使只是一句简单的话语，也会给人以巨大的力量，让他相信自我、欣赏自我，进而超越自我。

智者心语

给予信任，既是考验自己也是帮助他人。

森林里的狐狸经常有小偷小摸的行为，不是偷鸡就是偷粮食。森林之王狮子将它训斥了一顿，然后说："为什么你就不能洗心革面呢？难道你不想堂堂正正地生活？"

狐狸惭愧地低下了头，它在所有动物面前发誓，今后一定不再偷窃。

新生活的道路是艰难的，动物们早就把它当成惯犯，谁也不肯相信它。它去花园赏花，猫以为它要偷架子上的葡萄，大喊大叫；它去河边洗脸，鸭子以为它要偷鸭蛋，紧张地盯着它……狐狸在这些怀有戒意的目光下渐渐变得绝望，决心再干回自己的老本行。

它准备先偷一只鸡填饱肚子，刚刚打定主意，就看到一只小鸡正在路边哭。狐狸走过去，小鸡说："狐狸先生，遇到您真是太好了！我迷路了，您愿意送我回家吗？"

看到小鸡信任的眼神，狐狸觉得很自豪，立刻打消了吃掉小鸡的念头，将小鸡平平安安地送回家。

对那些思想不够坚定的人，行善还是作恶有时只是一瞬间的事，身边的风气好，总有人倡导为善，自然无从产生恶念。但如果本身前科累累，而身边的人还不信任你，很容易旧病复发，一错再错。有时候一个人想要建立高尚的人格，需要大家的帮忙，而最好的帮助就是信任与认同，就像故事里的狐狸，感受到了小鸡真诚的信任，立刻就产生了改正错误的动力。

信任是清泉，能够洗涤人们心中的污垢。大智者能够坦然地相信他人，即使是对于欺骗过自己的人，他们也不吝惜自己的信任，愿意一次又一次地给他人机会。他们相信每个人都有自己的不得已，才会欺骗，才会做坏事，只有自己的信任才能让他们重新审视自己的心灵，完善产生缺失的人格。重义者有一颗宽容的心，相信世界上更多的人和他们一样，愿意给予信任。既然他人的信任曾经给过你笑对人生的自信，那么，你也要用自己的信任给他人以力量、以追求。

3.善良行世，以诚待人

一位禅师在和 3 个弟子谈心，他让弟子们分别说出一件自己做过的最自豪的事。

大弟子说："我对自己感到最自豪的事，是我察觉到自己是个不贪心的人。有一次，有位异国商人将一袋珠宝放在我这里，他并不清楚里边究竟有多少珠宝。而我原封不动地还给了他，没有拿他一分一毫。"禅师说："这是一个人应该做的，你如果暗中拿了他的宝石，你现在会是怎样的人呢？"

二弟子说："有一次我救了一个落水的小孩，他的父母拿出厚礼谢我，我分文未取。我认为自己是一个仗义的人。"禅师说："这是你应该做的，假如你见死不救，你的良心会不安。"

三弟子说："我一直是一个很自豪、很仁慈的人。有一次，我看到一个人就要掉入悬崖，我将他救了起来。而这个人是我的仇人，他一直在背地里中伤我，还害过我很多次。"禅师说："以德报怨，的确是值得赞扬的事。不论是难做的，还是易做的，只要不违背自己的良心，都是可贵的，你们 3 个都有可贵的品质。"

存大义的人必有良心，良心也可以称作良知，是那种被社会认可、被舆论接纳、被自己承认的道德行为准则。这个故事中的 3 个弟子，他们的作为都从自己的良心出发，得到了不一样的赞誉。一个人做该做的事，不违背良心，才不会有侵害他人利益的过失；做原来不易做到的事，才更能彰显良心的光芒。其实，在我们的生活中，良心比任何东西都可贵。

一个有良心的人不会侵害他人的利益，因为他会时时提醒自己他人的存在、他人的不易。良心能够维系人与人之间的感情。社会生活中，人们常常呼唤良知与奉献，法律固然是社会得以正常运转的基础，但如果仅仅依照法律条文，不做违法的事，也不在别人需要帮助的时候"多管闲事"，那么这个社会就会变得麻木而冷漠，生活在其中的人也会渐渐变成"有血有肉的"机器人。

红叶禅师和他的弟子在雪地里行走，弟子惊奇地发现，红叶禅师的脚印是一条笔直的线，而弟子们的脚印却歪歪扭扭。他们问："师父，为什么您的脚印是直的，我们的脚印却是歪斜的？"

红叶禅师说："那是因为我走路时一直看着远处的那座山，有了这个目标，路就会变得笔直。而你们走路时心有旁骛，东看看、西看看，路自然就会歪斜。"

看到徒弟们若有所思，红叶禅师继续说："还有人走路只盯着自己的脚，走歪了路还不自知。如果没有找准目标，人就很容易走上歪路。"

听了红叶禅师的一番话，徒弟们按照红叶禅师的说法走路，果然，他们的脚印也变得笔直而整齐。

有阅历的人常常劝告后辈："人不怕走错路，最怕走歪路。"走错路有回头的余地，而歪路却会让人麻痹大意、误入歧途。因为一直在同一个方向行走，人们察觉不到自己已经有了偏差，继续走下去，偏差越来越大；走得越远，

智者心语

沿着心的方向，总不会偏离的太远。

偏差就越大，这就是人们所说的"失之毫厘，谬之千里"。

　　人生的路程也容易出现偏差，因为我们的心不是时时刻刻都能端正。我们常被外界迷惑，灯红酒绿、纸醉金迷，这些都能使我们本来笔直的心开始歪斜，想要放纵自己进行尝试。如果一个人没有行为原则和底线，极易在诱惑之下迷失自我。

4.信用，一笔无价的财富

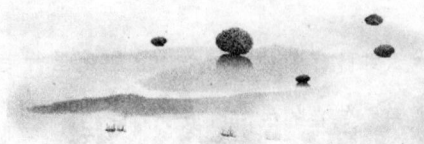

　　古时候，有个国王接到一个犯人的请愿书。这个犯人犯了死罪，他惦记家乡的母亲，想要回家见母亲最后一面，希望国王宽宏大量，能够给他这个机会。他向国王发誓，行刑当天一定赶回来受死。这封请愿书最后由一位大臣转交。

　　"你为什么要把这封请愿书转给我?"国王问大臣。

　　"我认为一个孝顺的年轻人应该得到您的恩准。"大臣说。

　　"如果有一个人愿意代替他进牢房，我就放他回家看母亲。"国王说，"难道你愿意为这个孝顺的人进牢房吗?"

　　"如果没有其他的人愿意代他坐牢，我愿意这样做。"大臣说，"我相信孝子会讲信用。"

　　"如果他没有按期赶回来，那走上断头台的人就会是你。"国王警告大臣，大臣表示同意，其他大臣都认为这个大臣疯了。而那个被放回家乡的犯人却一直没有消息。转眼，就到了行刑的那一天，大臣并没有表现出任何后悔的神色，无畏地走上绞刑台。

这时，犯人从远处飞奔而来，对国王说："对不起陛下，我回来时，路上遇到大雨，我好不容易才能赶到这里，耽误了些时间，不过幸好还来得及，请您放了那位信任我的大臣，现在我可以了无牵挂地走上绞刑台了！"国王听了感叹道："你不但孝顺，还是个守信用的人，这样的人应该委以重用，我决定让你当我的秘书官。而这位知人善信的大臣，拥有这样的恢宏气度，应该出任宰相一职！"

在人的各种行为中，守信是最被看重的行为之一。就像故事中的犯人与大臣，大臣相信犯人的信用，也严格守护自己的信用；犯人为了一句承诺也同样历尽艰苦。国王对两个人的重用，反映的正是人们对守信用的人的评价：他们值得信任，值得托付，不论何时都值得尊重。

中国古代有个叫季布的人非常讲信用，当时有人这样称赞他："得黄金千斤，不如得季布一诺"，这就是成语"一诺千金"的由来。"信"是"义"的重要组成部分，答应过的事一定要做到就是守信用。人无信不立，事无信不成。凡事在于点滴积累，注重日常小节，才能真正成为一个守信的人。

老贾是某工厂的车间主任，也是业务高手。厂长经常对人称赞："我们厂的老贾一点儿也不'假'，有了他，我从不担心厂里的事！"

去年，工厂遇到了麻烦，因为竞争对手的强劲打压，销售量出现下滑趋势，偏巧这个时候厂长生了重病。厂长对老贾说："老贾，我知道现在厂子效益不好，我现在这种情况只能把它暂时交给你，你帮我做些工作，等我病好了立刻回去。"老贾郑重地答应了卧床的厂长。

智者心语

信任是人与人之间最宝贵的礼物，重信用之人，为众人所信。

厂里的效益连连下降，不少人跳槽，也有人劝老贾："别在这个厂子耽误时间了，这个厂子的产品早就没有市场了，还没有生产新产品的机器，而且连资金都没有，早晚会倒闭的。你这个年纪了，还是趁有精力赶快跳槽吧。再过几年你就不值钱了，想跳都跳不了了。"

老贾不为所动，他说："既然我答应了厂长，就算倒闭，我也要坚持下去。"很多工人被老贾的行为感动了，留了下来。半年后，厂长身体康复，重新整顿工厂，并且贷款购买了新设备，终于使厂子起死回生。厂长感慨地说："这家厂子还能存在，最大的功臣不是我，是老贾，老贾不假！"

信用是无价的财富。信用就是"不假"。在生活中我们不难发现，不论是工厂、商店还是饭店，越是大型的企业，越重视自己的信誉，不论哪一个环节出了问题，他们一定会在第一时间采取补救措施，力图将影响降到最小。因为一个品牌得到信誉靠的是日积月累，而一个微小的疏忽却会引来顾客的质疑，甚至导致这个品牌毁于一旦。

做人也是如此，每个人都应该树立自己的"品牌"，你可以张扬个性，但不能失去信用，否则就会被归为小人之列。诚信是一张通行证，不仅可以伴随你闯过事业的门槛，还能对你的人生大有助益。一个讲求诚信的人处处让人感到信赖，因为别人信任他的人格，也就能够安心地与他共事、与他交往，对他倾诉肺腑之言，相交莫逆。

信用也与一个人的禅性有关，因为它能够让你通向别人的心灵深处，让你能够更加真实地认识他人、认识世界，对事物也就看得更加透彻。而有信用的人不会为他人的行为更改自己的内心，这就是定性。信用与定性相辅相成，故修禅者讲求信义，心正神明。

5.人以群分，善人善聚

古时候，管宁和华歆是一对好朋友，他们二人每日一起读书，关系十分亲密。

有一次，管宁和华歆在花园里锄地，刨出一块金子，管宁对金子视而不见，华歆却捡起来细细观看，露出贪婪的神色。他见管宁不说话，连忙将金子扔掉说："君子不爱财。"

又有一次，管宁和华歆一起坐在席子上读书，外面传来一阵喧哗声，是一位大官的车队经过。华歆立刻扔下书本，跑到门外观看大官的排场，十分艳羡。他正想回头叫管宁一起来看，却看到管宁拿出一把刀，将他们坐的席子从中间一分为二。

"你这是在做什么？"华歆问。

"道不同不相为谋，我们追求的东西不一样，从今天起我们不再是朋友。"管宁回答。

"管宁割席"是我国有名的历史故事，生动地说明了何谓"道不同不相为谋"。管宁选择朋友的标准很严格，他希望自己的朋友不仅仅是个书生，还是个不醉心于名利、不贪恋于富贵的君子。友谊的最高境界是一曲《高山流水》，如果是污浊的小溪，哪里会与巍峨的高山相交相惜？交友如此，对待生活中形形色色的人，也要有基本的原则。

人以群分，想做一个重义的贤者，就要结交那些心地磊落、行为端正的君子。跟这样的人在一起，耳濡目染，日子久了自然心往行随。看到的、想到的都是高尚的，自己做起事来就不会偏离太多。如果整日与小人为伍，自己也会成为苍蝇群中的一员，藏污纳垢，渐渐失去本心，变得污浊不堪。更可怕的是，你未必能察觉到自己的改变。一个人若想远离堕落，就要远离那些行为不检点、品德低劣之人，否则百害而无一益。

　　一头驴子和一个金色的铃铛成了朋友，铃铛就系在驴子的脖子上，驴子走路的时候，铃铛就发出清脆的响声和它说话，它们每天都很快活。当驴子拉着沉重的货车返回村庄时，铃铛会故意发出很大的声音，把周围人的目光都吸引过来。人们发现驴子勤勤恳恳地劳动，都忍不住夸奖："这真是一头好驴子！"驴子很喜欢这个朋友。

　　一次，驴子看到菜园里的青菜冒出头，它吞吞口水，把头探进菜园，想要吃点儿鲜嫩的叶子，没想到铃铛突然大声叫了起来。菜园的主人听到声音，拿着一条皮鞭冲了出来，将驴子打了好几下，驴子慌忙逃跑了。

　　跑到安全的地方后，驴子埋怨铃铛："你真不够朋友！怎么能提醒别人来打我！"

　　"朋友相处要有原则，我这是为你好！"铃铛严肃地说，"好朋友固然要帮助你，在你犯错误的时候，更应该提醒你！"

智者心语

心地善良，与学识无关；慎重交友，与善良相关。

有人说最难说的话就是真话，因为真话有时伤人，说出口就会得罪人。故事里的铃铛在驴子犯错误的时候大叫，让驴子恼怒，但真正关心你的人不怕得罪你，如果因为别人的一句实话就大动肝火，只能说明你的心胸太过狭隘，没有雅量，更没有进步的空间。

"仁者乐山山如画，智者乐水水无涯。从从容容一杯酒，平平淡淡一杯茶。"这是陶渊明的一首田园小诗，说的是智者从容淡定，因此装得下山明水秀，于是怡然自乐。淡定是一种人生境界，有此种境界的人能够淡对名誉不争，淡对邪财不取；淡定更是一种勇气和力量，于是能够挺过困境挫折；淡定还是一种心胸的宽博，看淡成败，不计得失，最终大彻大悟，笑傲人生。

6.广结善缘，快乐大家

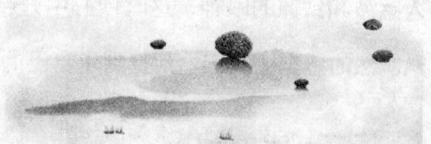

古代印度有个国王，他和王后只有一个儿子。这个儿子性格孤僻，整日愁眉不展。国王和王后为了让儿子高兴，给儿子准备了最精美的衣物、器具、饮食，可儿子仍然闷闷不乐。

这件事急坏了国王夫妇，国王找来全国最有名的高僧，请他帮助王子。高僧听了情况后对王子说："我这里有一个获得快乐的秘方，你如果按照上面说的去做，就能变成一个快乐的人。"王子听了很感兴趣，对高僧说："我希望能得到您的秘方。"

"这个秘方就是——每天做一件帮助别人的事。"高僧说。

王子决定实行这个秘方，他每天走出王宫，看看有没有需要他帮助的人。有时候，他帮农夫耕地；有时候，他帮花农锄草；有时候，他帮牧民牧马……如此一来，喜欢王子的人越来越多，王子的朋友也越来越多，他的笑容也越来越多，很快，他成了一个快乐的人。

世事难两全，有阳光就有阴影，优越的生活环境会造就一个人优秀的能力，也能让一个人的心灵产生空虚感。当一个人觉得自己什么都有，却又什么都没有的时候，抑郁便不请自来。故事中的王子无疑是个忧郁少年，高僧教给他的秘方就是帮助他人，通过让他人快乐来使自己快乐。

也许我们都和忧郁王子一样掩不住心中的疑问："想要快乐难道不是要从自己身上做文章？为什么要帮助他人？"我们只知其一，不知其二，人们保持快乐的方法有两种，一种是自娱自乐，另一种是让他人开心，自己从中分享快乐。一个人的快乐只有自己知道，是偷着乐；帮助别人后却能感受到他人感激和钦佩的眼神，这时候心中升起的是虚荣心也好，自豪感也罢，那种飘飘然的感觉让我们立刻找到了自己的价值，认可了自己的能力。

有一个年轻人，大学毕业后回农村继承父母的杂货店，做着普通的买卖。他没有什么特长，只有一个特点：脾气好。他的朋友中，有人性子急躁，经常大呼小叫，惹是生非；有的人嗜酒如命，常常喝得烂醉如泥；还有人孤芳自赏，常常看不起他人……这些人却都把年轻人当作好朋友，因为年轻人经常在他们火冒三丈的时候加以规劝，喝醉的时候给予搀扶，刻薄的时候一笑了之。人们都不明白年轻人为什么要交这样的朋友，年轻人却说："每个人都有优点和缺点，交朋友看的是自己喜欢的那部分，当然也要容忍他们的缺点。"

智者心语

赠人玫瑰，手留余香，快乐需要传递。

后来，年轻人的朋友越来越多，人缘越来越好。当他开始做别的生意时，朋友们有钱的出钱，有力的出力，他的生意一帆风顺，成就了一番事业。

对自己的要求要严格，对他人的要求不

用太多，如果只盯着别人的缺点，世界在你眼中一塌糊涂，根本没有乐趣可言；如果总是发掘别人的优点，世界就变得趣意盎然，随时随地都会感到快乐。与人交往不必计较那些不合自己心意的地方，即使是自己不喜欢的人，该帮助的时候不推托，这才叫心胸开阔。更重要的是，你要行得正、做得直，让人信服。

在修禅者看来，帮助他人就是结善缘，他们笃信善缘会有善果。你真诚地帮助别人，是善行，是义举。也许得到帮助的人并没有能力回报你，但你会结识一些欣赏你、与你志趣相投的君子，他们愿意扶助你、与你分享喜悦与艰辛，而你也会一一记得，一一感恩。于是善缘善果不断，你的人生自然也会更平顺、更舒心。

7.重义，有信，赢得真心之友

春秋时期，孔子曾经这样教导他的弟子：

"君子若想安身立命，只需记下四个字——恭、敬、忠、信。"

孔子又进一步解释这句话："恭，就是对人真心诚意，这样就不会被周围的人排斥；敬，就是要尊重别人的个性和习惯，这样才能被他人喜爱；忠，就是依从本心，有分寸、有原则地做事，这样才能让更多的人愿意与你共事；信，就是讲究诚信，让人信赖。这四点能够让人安身立命、避免灾祸、赢得尊重，做出一番事业。"

孔子的这些教诲，就是人们常说的"大义"。

"义"，是我国古代人们遵循的一种道德规范。"义"代表公正，凡事都要有客观的立场，平等地对待身边的人和事；"义"代表道义，是道德对人们行为的一种要求；"义"代表正义，要求人们拥有正直的人格，不畏惧外界的压力……孔子以恭、敬、忠、信作为对弟子的要求，就是教导弟子知晓大义，无愧为人。古代人看重义胜过自己的生命，所以有个成语叫"舍生取义"。

修禅者要懂"义"，因为禅心的基础既不是自私，也不是避世，而是与和平世界共处，与他人友好相待，并以善心诚意对待他人及事物。这就是另一种层次的"义"。相反，现代人如果偏离了修禅的本意，只是为了远离烦恼，置自己的责任于不顾，他们修得的不是禅，而是一己的冷漠。由此可见，"义"的前提是保证禅心的清明与端正。

有两个擅长钓鱼的人喜欢在湖边钓鱼。那是一个钓鱼俱乐部会员们常去的湖。这两个人钓鱼的技术很高，连俱乐部的会员们都常来与他们切磋。

不过，这两个人的性格却不太一样，一个瘦瘦高高，对人爱答不理，别人问十句，他最多答一句；另一个人心宽体胖，爱交朋友，不论别人问他什么，他都热心地解答。他说："钓鱼就是个爱好，大家玩得开心最重要，自己有什么技巧也不必藏着，一起交流，共同进步。"

不久之后，胖子身边总是围满了人，大家热情地跟他打着招呼，讨论钓鱼的趣事。而瘦子则孤单一人在湖边，很是孤单郁闷，渐渐地也就不再去钓鱼了。

智者心语

虚情假意换不回真心实意，有情有义者，交天下。

在日常生活中，我们不会经常听到"义"这个字，甚至觉得它已经远离我们的生活，但仔细观察，"义"仍然存在于大多数人心中。与人为善是一种"义"，无偿地帮助他人也是一种"义"。"义"不必说出来，更无须着意夸大，它会以最自然的方式作用于人际关系中。重义的人身边自然会吸引许多朋友和仰慕者，他们总是充满正能量，反之，难免孤独寂寥，易遭他人排斥。

"义"的高尚在于它的无偿性，这种单纯而积极的特性使人与人的关系变得纯净温暖。需要注意的是，有些事不需要挂在嘴边，特别是"义"这种概念更应放在心中。不论奉献爱心的义行还是援助他人的义举，做比说要好。如果整天拿这些概念对别人说教，别人难免觉得你太过矫情，只需记住，为人要重义，处世要有义。始终将他人放在心中，他人自然也会记着你的好，因此义者，不孤单。

8.与众人分享的人生，更加精彩

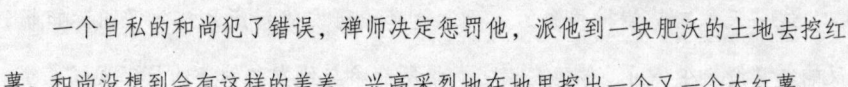

一个自私的和尚犯了错误，禅师决定惩罚他，派他到一块肥沃的土地去挖红薯。和尚没想到会有这样的美差，兴高采烈地在地里挖出一个又一个大红薯。

"师父，犯了错应该受罚，你这哪里是惩罚他？"其他徒弟不满地说。

"我就是在惩罚他，等会儿他回来，你们谁也不要理他，谁也不要跟他说话。如果他跟你们打招呼，你们也别理他。"禅师说。

晚上，犯错的和尚背着一筐上好的红薯回到寺里，他很想向人炫耀一下自己的收获。没想到，寺里的和尚们看也不看他一眼，他和人打招呼，别人充耳不闻，好像他这个人并不存在一样。和尚觉得十分别扭，心里难过极了。禅师对弟子们说："快乐的心情无法与人分享，就是最大的惩罚。"

人们为什么害怕孤单？是害怕困难的时候没有人帮助吗？事实上，帮助只是辅助，多数时候我们都要靠一个人的力量生存发展；是害怕难过的时候无人安慰吗？自己的痛自己最清楚，就算没有安慰，我们依然有坚强的品格……有时人们真正害怕的并不是一个人做什么，而是做到了什么却没有人分享，就像故事里的和尚看上去幸运，收获的却是煎熬。

人生需要分享，没有人可以与之分享的人生，哪怕面对快乐，也是一种惩罚。不会与别人分享，自己也享受不到。把快乐分给大家快乐就会成倍地增加；悲伤有人承担，伤心也会成倍地减少。相反，如果独自一个人沉浸在伤感的情绪中，只会落得郁郁寡欢。不论是成功还是失败，有人分享，快乐就会加倍，失落就会减少。他人的陪伴能够让你宽心，让你坚强。

一家公司的大老板即将迎来自己的第50个生日，他虽然事业有成，但妻子早已跟他离婚，孩子在国外上学，公司的员工们象征性地送他礼物，身边也没有多少真正的朋友，生日当天，他只能一个人坐在家里的客厅喝酒。

这一天本来是值得骄傲的一天，他牵线研发的新产品打入了国际市场，反响非常好。在公司，他踌躇满志，给所有参与研发和销售的员工发了奖金。但回到家，他却不知该向谁诉说自己的喜悦。他坐在客厅反思自己，他是个暴躁的人，经常乱发脾气，身边的秘书不知道换了多少任。他知道不是别人有问题，是他自己个性太孤僻。究竟什么时候能结束这种孤独的状况呢？他喝了一杯又一杯，却没有人告诉他答案。

智者心语

再精彩的人生，无人分享，也是一场竹篮打水。

值得骄傲的人生不一定是幸福的人生，也有可能充满失意和痛苦。当喜悦的时候端起酒杯，却发现无人愿意和自己干杯，这样的感觉不只是孤独，更是悲凉。故事中的老板活到了

50 岁，身边却没有一个愿意与他分享人生的人，就算借酒浇愁，又能浇开多少苦闷？

时时刻刻保持一份分享的心态，就像你一个人在夜路上行走，抬起头看到满天灿烂的星斗，你觉得很美，这时候如果你能告诉身边的人，才能感觉到真正的快乐。相反，如果身边没有人，你只能自言自语，即使有再多的星星也并不能让你快乐。学会分享，当你一路跋涉，忍受孤苦艰辛，知道前方有人等待着你凯旋时，你会得到力量，明白旅途的意义。

第四章 韬光养晦，低调从容
——淡泊人生有滋有味

世事纷扰，昙花一现，世间最珍贵的事物莫过于感情，与家人的天伦之情，与爱人的恋慕之情，与友人的相知之情，还有对他人、对世界的热情，都无可替代。看淡名利、得失、是非，用一颗重情之心，慰藉我们的灵魂。

1.真爱，付出与真诚之爱

一个少女走进一座寺院，向禅师倾诉她的烦恼，她很困惑为何一直追求自己的男孩突然不再理会自己。禅师说："你先告诉我，你是怎样对待那个男孩的？"

"我认为女孩子对待爱情要矜持，所以，尽管他对我很热情，我却不敢表露我对他的喜欢，只是平平淡淡地跟他交往。"

禅师说："这就是问题所在，我这里有一盏油灯，现在请你点亮它。"

女孩依言点亮油灯，油灯燃了起来，明亮温暖。没多久，火焰因灯油不足慢慢变小了。

禅师说："人与人的关系讲究缘法，也讲究方法，你和他互相爱慕，便是有缘，但你一味地等待对方付出，自己却没有一点儿表示，他的爱就会像灯芯一样燃尽。"

问世间情为何物，直教人生死相许。千百年来，人们讴歌纯洁的爱情，每个人都希望在茫茫人海中遇到一个相伴终生的爱侣。但是，每个人都有自己的脾气性格，在对待爱情时，自然也就有不同的方式。故事中的女孩费解爱情为何冷却，禅师告诉她：爱是双方的，火焰想要燃烧得久，就要不断补充灯油。恋爱就是这样一个得到与付出不断交替的过程。

有人际关系专家做过实验，发现两个人相处时，如果一方付出过多，另一方付出过少，感情就会失衡，关系也就不再长久；只有双方都在付出，才能保证关系在平衡中得以维系。爱情是自私的，除了两个人之外容不下其他任何东西；爱情也是无私的，在得到的同时，每个人都要学会付出。付出不仅是指对对方的照顾，也包括对对方的体谅与宽容。

程伟是一个工程师，经常在全国各地负责施工监督。因为工作太忙，他根本无暇照顾家庭。朋友们都很担心他，有人劝他说："不如换一个轻松点儿的工作吧。不为自己想，也要为你太太着想，女人一个人撑起一个家很辛苦，以后她难免向你抱怨。"

程伟说："我太太是个明理的女人，她特别懂得体谅我。我们谈恋爱的时候，有一次我忙一个工程，半个月没有和她联系。我以为她一定会大发雷霆，甚至跟我分手。没想到她只是发了一封邮件，嘱咐我注意身体，如果有时间就给她回一封信，简单说一下近况就好了。"

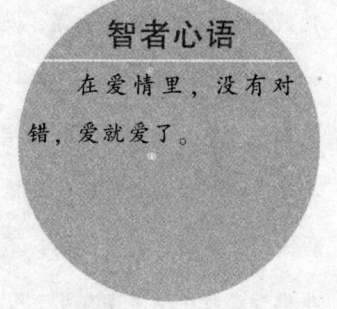

智者心语

在爱情里，没有对错，爱就爱了。

"真是一个懂得体谅人的女人。"朋友们听完不禁感叹这位太太的心胸和体贴。

两情若是久长时，又岂在朝朝暮暮。经常分居的爱人之间难免有所生疏，如果一方为事务烦恼，更会造成对另一方的冷落，这时感情就容易出现危机。不过，如果能有一个宽容的心态，设身处地地多为对方着想，相信对方理解你的难处，自然也就不会计较区区离别。

　　想要保持爱情的新鲜，就要有适当的"保鲜"策略，体贴与谅解是爱情最好的保鲜剂。体谅对方是心灵上的付出，两个人如果都能尽量体谅对方，灵魂就能渐渐合二为一。缘分来之不易，爱情需要用心珍惜。茫茫人海，有一个贴心的爱人与自己相伴，任何时候都不会觉得孤独，那是怎样的一种幸运，又是怎样的一种幸福与美满。

2.调整心态，拥禅心入怀

　　一个大四的学生毕业后想要留在大都市，几经求职，都找不到合适的工作，他的心情也越来越沉重。贫困的家庭，不能再为他提供生活费，生计问题切切实实地摆在眼前。这一天，他在食堂闷闷不乐地吃着饭，这4年来，他最喜欢这个窗口的饭菜，几乎天天光顾。

　　食堂里没有什么人，窗口的老板坐下来和他闲聊。知道了他的困难，老板说："大学生不是找不到工作，而是眼光太高，很多工作都不愿意做。如果你真想找个活计，我可以给你提供一个选择：我最近要回老家陪父母，这个窗口没人管，我看你人挺诚实，不如你暂时来帮我管一管这个窗口，就是帮我给学生卖饭。我在外面还有几个饭店，如果你做得好，以后你也可以去工作。"

这个学生本来想拒绝，但想到老板的一片好意，自己又急需生活费，还是接受了这份工作。起初，面对老师、同学、认识的学弟学妹们惊讶的目光，他觉得很不好意思。但没过多久他就镇定下来，慢慢地熟悉了工作环境，做起事来也更加得心应手。他准备在老板手下好好学习几年，以后自己也开个饭店。

大学毕业，就业是个难题，多数人希望留在大城市，进大公司，有大作为……追求这些"大"，是因为他们认为自己是天之骄子，不能不做大事，否则辜负了自己4年的学习。

名利是负累，过去的成绩会阻碍你的前进。不必总强调自己是什么样的人、有什么样的资历，重要的不是你曾经做了什么，而是现在你能做什么。太过强调自我的人往往色厉内荏，被别人当成纸老虎，根本不被放在眼里。那些懂得隐藏成绩、懂得把自己放低的人才是真正的实力派，他们平日不显山不露水，却总能给人带来意外的惊喜。

罗尼是一家小超市的老板，他是个和蔼的人，他给的工钱不多，但来打工的人都很喜欢他，因为他是一个没有架子的人。

安妮一直在这里打工，从大一到大三，她说她跟着罗尼先生学会了很多东西。当她刚来这个超市打工的时候，有一次她在收款的时候出现失误，导致顾客对她破口大骂。这时，罗尼先生很平静地对她说："如果我是你的话，我就对顾客道歉，和平地解决这件事，因为不论谁是谁非，影响的都是自己的形象、超市的声誉。"

后来，安妮发现罗尼先生从不摆老板架子教训人，当他想要提出什么意见，总会以朋友的口

智者心语

摆正位置、端正心态，属于你的那扇门总会打开。

吻说："安妮，如果我是你，我会……"这样一来，安妮即使做错事被批评，也不觉得难堪，反倒觉得罗尼先生是真心实意地为自己着想，帮助自己。再后来，安妮加入了学生会，成为部门干部，她在工作中也像罗尼先生一样没有架子，与部门成员相处融洽，大家都夸她是个好"领导"。

架子和面子是两回事，经理应该有经理的威严，维护自己的形象，但不一定总是要做出高人一等的姿态，训斥手下，教育他人。故事中的罗尼先生在批评他人时注意交流的方式方法，不给别人脸色看，不让他人觉得难堪，即使是批评，也让人感觉到温暖与关心。这样的人能得到员工真心的喜爱和敬重，才更有面子。

有人做事喜欢端着架子，俨然把自己当成一个人物，以为这样就能不被人小瞧。事实上，你端着架子，未必让你看起来有多少丰功伟绩，反倒伤害了你与他人之间的感情，容易造成他人情绪上的对立。自重的人只对自己端架子，一颗禅心就是一个架子，放在上面的不是虚名与负累，也不是重重的疑心和思虑，更不是与人相处时的那点儿小小的虚荣，而是人生的起伏和一份平稳的心态。比起那点儿可怜的仰视，他们更重视人与人之间的平等交流，他们对别人会放下架子，只保留欣赏与尊重，就算有再多的成绩，看上去依然平易近人、温和亲切。

3.亲情的力量

一位大唐法师途经一个西域国家，那是一个商人们经常落脚的小国，有不少大唐制造的物品。法师在休息时，偶然看到一把绢制的团扇——这正是

他的家乡才有的东西。

拿起这把团扇，想到自己远离家乡，法师悲从中来，不禁哭泣。看到的人纷纷议论："亏他还是大唐来的高僧，竟然为一把家乡的扇子哭泣。"那个小国最有名的僧人听说这件事却说："思乡思亲乃人之常情，这位高僧真是至情至性、不作伪之人，令人敬佩。"

大唐法师为故土的团扇流泪，可见禅者并非无情之人，所谓超脱世俗并不是淡漠情意。人如何能够忘记生养自己的亲人，培育自己的家乡？落叶为何归根，只因心中那份化不开的依恋。

真正的孝顺在于一份心意，心意不在多少，只看你是否心有牵挂。有一首歌唱道："父母不图儿女为家作多大贡献，一辈子不容易就图个团团圆圆。"能够惦记父母、为父母着想、尽力报答生养之恩、常常看望父母、与父母通个电话，这就是做儿女的本分。

美国总统亚伯拉罕·林肯出生在一个平民家庭，他的父亲是一个贫苦的鞋匠。当林肯竞选总统时，他的出身引起了他人的嘲笑。有一次，林肯要进行竞选演讲，一位议员公开说："林肯先生，在你演讲之前，希望你一定要记住，你只是个鞋匠的儿子。"

林肯并没有露出羞愧的表情，他站起身，自豪地说："没错，非常感谢您在这个时候让我想起我的父亲。虽然他已经过世，但我要说，他是一个伟大的鞋匠，如果您曾在我父亲那里修过鞋子，如果您的鞋子出现任何问题，我都可以修好它。虽然我没有父亲那么好的技术，

智者心语

在众多感情中，亲情的力量最为坚强、最为持久。

但我从小也跟他学了一些手艺。"

然后林肯又对其他人说："在座的各位如果穿着我父亲做的鞋子，如果它出现问题，我也会尽力提供帮忙。但是，我的手艺无法跟我的父亲相比，请各位见谅。"

林肯的这一番话让听者无不动容，台下响起了经久不息的掌声。

林肯被称为"小木屋里的总统"，他的父亲生活贫困，这种出身在当时经常被政敌嘲笑。但不论在任何场合，林肯都以自己的父亲为骄傲，他明白看轻父亲，就是看轻他自己，尊重父亲，也是尊重他自己、尊重普天下的父亲。一位伟人能够被人怀念，并不仅仅因为他的功绩，还因为他有一颗平常心，让人倍感亲切。

亲人是我们最强大的后盾，不论你遇到多大的困难，亲人都不会离开你、背叛你。他们的力量也许并不十分强大，他们的信任却能够鼓舞你、支撑你。从小到大，从平凡到优秀，我们在亲人的呵护下一路走来，看过他们太多的汗水，任何时候，我们都要为自己的亲人感到由衷的骄傲。

4.给予，另一种幸福的方式

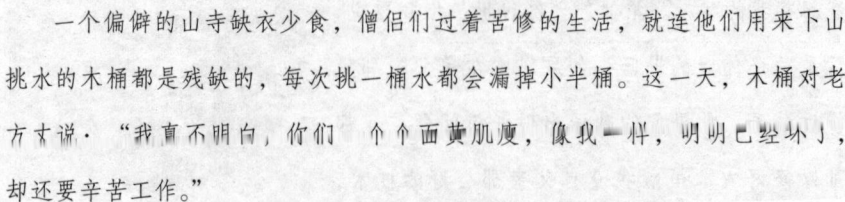

一个偏僻的山寺缺衣少食，僧侣们过着苦修的生活，就连他们用来下山挑水的木桶都是残缺的，每次挑一桶水都会漏掉小半桶。这一天，木桶对老方丈说："我真不明白，你们一个个面黄肌瘦，像我一样，明明已经坏了，却还要辛苦工作。"

老方丈说："难道你认为自己很没用吗？"

"当然，我每天盛水都有半桶水洒在道上，你说我有用吗？"

"那么你有没有发现，在你经过的地方，花草长得特别好？就因为你是漏的，才滋润了它们。"方丈说，"我们也一样，虽然生活得清贫，却给来这里的山民们讲佛法，解答他们心中的疑惑，这就是对他们最大的帮助。"

听了方丈的话，木桶若有所思。第二天，木桶仔细观察自己经过的路，果然一路繁花，绿意盎然。

也许是生活的节奏太快让我们不能停下来看看别人，我们经常听到人们感叹人情冷漠，人与人的距离越来越远，在大城市再也找不到那种邻里之间把酒闲话的场面。或者可以说，像故事中的老方丈那样懂得给予的人越来越少，更多的时候，人们关注的只是自己，以及自己的利益。

送人光明，手中留光。给予让人越发明白感情的珍贵，当你帮助别人时，你听到的是感恩的话语；当你安慰别人时，你看到了止住泪水的眼睛；当你关心别人时，你感受到对方内心散发出的幸福……给予他人，你能够得到的并不是利益，而是他人的一张笑脸，但这张笑脸却能给你带来发自内心的满足感。

有一个吝啬的富翁总觉得生活中少了点儿什么，他的妻子经常劝他："金满筐，银满筐，到头不过一土筐。你有这么多钱，不如接济邻里，行善积德。"富翁却总不把妻子的话当一回事。

这一天，富翁又在闷闷不乐，妻子对他说："你不如站在窗户旁看一看外面。"富翁说："外面有很多人，挺有意思。"妻子说：

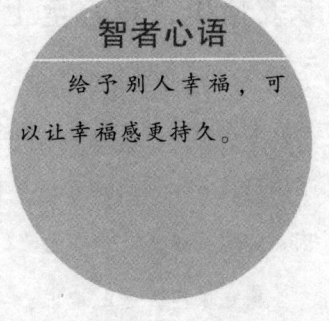

智者心语

给予别人幸福，可以让幸福感更持久。

"你再站到镜子前看一看。"富翁说："只有我自己。"妻子说："人的心就像玻璃，本来是内外通透的，一旦你涂上一层水银，就只能看到自己。"

富翁思索了几天，终于想开了，从此他按照妻子说的，常常把家里的粮食、钱财送给有困难的人。久而久之，他的名声越来越好，喜欢他的人越来越多，他也渐渐享受到内心的安乐。

生活中有很多不能缺少的东西，衣食住行不可缺少，亲友家人不可缺少，快乐的心情也同样不可缺少。有善心的妻子劝富翁积德行善，就是让他不要只考虑自己，而要与他人多多分享，如此，他得到的不只是一份好名声，还有越来越开阔的心境和越来越平和的性格。

快乐来自分享而不是占有，情谊来自给予而不是吝啬。懂得给予的人，负担会越来越少，心灵上的拥有则会越来越多。他们得到的不仅仅是旁人的感激，还有帮助他人之后的充实感，这种充实能让一个人由内而外地欣赏自己。因为善良，因为给予，因为对他人的关怀，使你的整个生命提升到一个更高的层次，不为小我，成就大我，你的人生自然会焕发出别样的光彩。

5.友情里，包容至上

冬天到了，大地一片白茫茫，一只饿了几天的狼卧在一户人家的篱笆下，看门狗跑过来同情地说："老兄，你怎么这么凄惨？这是我从屋里拿出来的肉，你吃一些，充充饥吧。"

狼吃了肉，感激地说："多谢你，要不是你，我一定会饿死。今年冬天的雪可真大。"

狗看着狼瘦弱的样子，说："你考虑要不要替我的主人看家？这样你可以住在温暖的屋子里，每天都有肉片和食物。"狼摇摇头说："不了，狼和狗不一样，如果不能随便走动，每天要拴着链子，我会难受死的！"狗说："我们的确不一样，我更喜欢和主人在一起，互相依靠，互相照顾。不过我愿意和你交个朋友，如果你什么时候找不到东西吃，就来我这里，我会尽力招待你的，只是要注意别让我的主人看到……"

"没问题！"狼开心地说，"你是一个值得交往的朋友，我一定会经常来看你，如果有什么事也不会跟你客气！"

从此，狼经常来看望狗，告诉狗很多大千世界的见闻，狗也经常在狼挨饿的时候给它食物，它们虽然志趣不同，却是一对要好的朋友。

海内存知己，天涯若比邻。大千世界，每个人都需要朋友。你快乐的时候，他们陪你一起笑；你悲伤的时候，他们给你肩膀让你哭，陪你一醉方休；你有困难的时候，他们及时伸出手拉你一把。朋友一生一起走，好朋友是每个人一生最大的财富。

就像故事中的狗与狼，它们有着各自的生活情趣，但却保持着对彼此的关心，分享各自世界里的喜怒哀乐。它们也许始终不能理解对方，但却为拥有对方而感到快乐，这份不一样的陪伴让它们增长见闻，体会到另一种生活情趣。最重要的是它们知道，有困难的时候对方一定会帮助自己，孤单的时候对方一定会来安慰自己——心灵上的陪伴，正是友情的真谛。而求同存异，是友情的基础。

智者心语

友情里，多些宽容，能成为朋友，本身就是一种缘分。

英国是个讲究绅士风度的国家，在那里，每个人从小就接受要尊重他人的教育。

一次，一位贵族邀请一位外国客人到家里做客。这位贵族十分考究，用餐前需要用柠檬水洗手。当清亮的柠檬水被端到客人面前，客人以为这是用来喝的，为了表达对主人热情招待的感激，客人端起精美的小盆子一饮而尽。当时还有很多客人在场，看到这一幕，都很吃惊。

主人没有纠正客人的错误，为了顾全客人的面子，他也把面前的柠檬水端起来，喝得一滴不剩。其他客人看了，也喝掉了面前的柠檬水。大家都赞叹主人的素养，既避免了客人的尴尬，又使得晚宴顺利地进行。

对待朋友，我们需要求同存异，求同存异代表着一种对对方人格习惯的尊重。这种尊重应该存在于一切行为中，与陌生人交往更是如此。故事中的英国贵族看到客人弄错了用餐规矩，他想到的并不是纠正——为什么让客人为一件自己并不了解的事当众出丑呢？这位贵族用他高雅的绅士风度，征服了在场的每一位朋友。

人生在世，哪个人能缺少朋友？有好朋友为你付出，为你指路，为你保留一片友善的天空，这是你一生的财富。正因如此，对待朋友，你要付出更多的耐心与宽容，才对得起你们之间珍贵的情谊与缘分。永远不要挑剔朋友，朋友的优点会让你一生受益，朋友的关怀会让你时刻温暖。

6.乐助者，救人于危难

古时候，有个书生走在大路上，发现一条小鱼困在深深的车辙里。车辙里的水已经干涸，小鱼奄奄一息，看到书生，它挣扎着说："善良的书生，请你救救我，别让我渴死。"

书生同情小鱼，对它说："你真可怜，我这就去禀告国王，开凿水渠，将大河和东海的水引到这里，这样你就可以重获新生了。"

小鱼怒骂道："你随便舀一瓢水给我，就能救我一命，可是你却在这里夸夸其谈，等到你说的水渠开凿完毕，我早就渴死了。你是真的要救我吗?"

小鱼马上就要渴死，路过的书生却许下宏愿，要给小鱼开凿水渠。想要帮助他人是件好事，但要知道远水不解近渴，好心不一定就能帮助人，用错方法更是帮不了人。就如在沙漠里干渴的旅人，海市蜃楼再美，也不能让他解渴，切莫让自己的好心成了他人眼中的海市蜃楼。

一个重视他人、关心他人的人，必然有爱心，愿意帮助他人。但提供帮助也需要头脑，别人需要帮助的时候你去帮助，对方会感激你；别人不需要帮助的时候你非要帮对方做事，对方会以为你精神出了问题，或认为你无事献殷勤，别有所图。可见好心应该有，但要做得恰当。

张先生路过街边的广场，听到一阵阵叫骂声，走近一看，才发现广场上有一群孩子在打架。其中一个孩子被打翻在地，其他孩子正在对他拳打脚踢，被打的孩子发出呼救声，其他的孩子不管不顾，依旧不肯停手。直到地上的孩子再也爬不起来了，其他孩子才扬长而去。

张先生心生同情，就从口袋里拿出手帕，上前想要扶起那个孩子，孩子却说："我不需要你的同情，刚才你明明看到他们在打我，你只要出言制止，就可以让我不再挨打，可是你却不做一声。你以为我现在需要一条包扎伤口的手帕吗？"张先生听了，惭愧不已。

在他人需要的时候提供帮助，是雪中送炭，等到他人度过了困难，你再赶过去说要帮助对方，却如同向后送伞。人们感激的是寒冷时候的炭火，而不是大雨过后的一把伞。故事中的张先生显然犯了这个错误，所以他得到的不是感激，而是无视。

当然，我们帮助别人的目的并不是为了让人感激，而是为了自己的善心。但是当善心不能以正确的方式及时表达出来时，对他人、对自己都是一种遗憾。既然相信人与人之间的感情，选择帮助别人，那就要将这件事做好。帮助别人不仅要帮到底，帮助别人也要帮得好、帮得对。

7.吞噬灵魂的贪欲

众弟子请禅师讲解贪欲，禅师说："与其我来讲，不如让你们看看实际的例子。"

禅师带着弟子们到了一个城镇，他对一个乞丐说："这位施主，我问你一些问题，如果你如实回答，我会送给你5串钱作为答谢。"乞丐高兴地答应了禅师。

"请你回答我，如果你有了这5串钱，你会用来做什么？"禅师问。

"我要去街对面的饭店好好吃上一顿，再去客栈美美地睡上一觉。"乞丐对禅师说。

"如果你有一两银子，你又会做什么？"

"我要买几件像样的衣服，干干净净地走在大街上。"

"如果你有100两银子呢？"

"那我就要买几间房子，再也不做乞丐了。"

"如果你有1万两银子呢？"

"我就去做大生意，住最好的房子，再找个美女做老婆。"说到这里，乞丐已经乐得手舞足蹈了。

禅师说："多谢，我的问题问完了，这是5串钱，请你拿好。"

回去的路上，徒弟们感叹："人的欲望果然不能满足，难怪人们都说欲壑难填。"

贪欲如野火，名利害人。智者了解欲壑难填的道理，所以远离欲望，而世间凡俗之人却容易利欲熏心，不知满足。就像故事中的乞丐，最初的愿望不过是一碗饭，到了最后就想到了功名利禄、事事齐全。而他最后得到的也不过就是一碗饭，名利富贵如南柯一梦，只让人空怀感叹。

我们只是凡人，做不到无欲无求，我们需

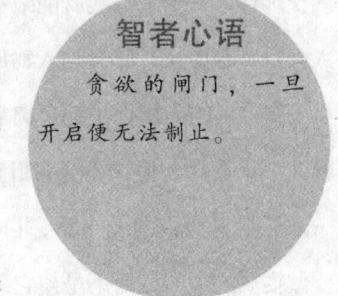

智者心语

贪欲的闸门，一旦开启便无法制止。

要满足自己的生存需求，需要更好的生活条件让自己和家人身心愉悦，需要更高的地位证明自己的能力。适度的欲望对人有激励作用，这些都是正常的、应该的。但要知道的是，满足欲望不是人生的全部，一旦欲望过了度，就会造成内心的极度不满足，如此，人们会希望自己能够获得更多，为此苦心孤诣，再也不去想其他事。

徐华是一位普通的职场白领。这一年生日，她收到一份昂贵的礼物：一个名牌包包。这个手提包抵得上徐华大半年的薪水，她十分开心地将礼物捧回家。

没想到，烦恼接踵而来，有了这个手提包，徐华认为自己不能穿太旧或质地不好的衣服来搭配，她只好动用存款买了一些衣服。渐渐地，她看着自己使用的物品也觉得不顺眼，只好依次提高物品的档次。渐渐地，她开始羡慕奢华的生活，几乎把全部的工资都用来满足她的物质需求。她痛苦地发现，一个手提包，竟然完全改变了她的生活。

心怀贪欲的人永不满足，他们的贪欲一旦被某个小事物触发，便会一发不可收。虚荣心在膨胀，被得不到的空虚感折磨，尽一切可能去满足自己的欲望，却发现欲望是个无底洞，越填越深，越想越苦。所以就像故事中的主人公那样，一个手提包就能毁掉快乐的心情，甚至毁掉原本安好的生活状态。人一旦贪慕虚荣，就会陷入物质欲望的泥沼，无法脱身。

有禅心的人懂得主动远离欲望，他们认为凡事适度就好，不会贪得无厌。就像一桌筵席，他们不会紧盯着一道菜不放，而是酸甜苦辣都要品尝，这样一来五味俱全，营养丰富，自然就有好的身心状态。要记住虚荣不是自尊，要做物质的主人，而不是被它驾驭的奴仆。

8.情如花香，芬芳世界

　　寺庙里过着清苦生活，小和尚们只有随师父出去做法事时才能吃到一些好东西。一次，一位财主请寺里的僧人前去做法事，师父带着小和尚到了财主家。财主吩咐下人多给小和尚加饭，随后便和师父聊了起来，他说："近日常觉心神恍惚，看了医生，医生说我身体很好。"

　　"我想这是富贵太盛所致。"师父说。

　　"富贵太盛如何致病？"财主问。

　　"人生富贵正如饭菜里的盐，作为作料，会使饭菜更有滋味；但如果只吃盐，就会苦涩难忍。你虽然家财万贯，却没有合意的妻子、知心的朋友，心中又怎么能不烦闷呢？如果能放下对金钱的执念，留意家眷的心情，与三两老友时常相聚，又怎么会心神恍惚呢？"财主看到吃饭吃得美滋滋的小和尚，深以为然。

　　人情如饭，富贵如盐，人与人之间关系的维系靠的就是一份感情。以利益维系的人，利益在时聚在一起，利益不在时形同陌路，利益冲突时反目成仇。名与利都是身外物，不能与真情相比。没有真情只有名利的人生，就如同一顿只吃盐的宴席，只有咸和苦——就像故事中倍感孤独的财主一样，他认为自己应该享受人生，却不知该如何享受。

　　心安者不独。在汉语中，"独"字代表单一和孤立，人生之路漫漫，我们需要他人对自己真心的相待，特别是在生病时、伤心时、彷徨时，他人的关怀就尤为重要。金钱可以买到很多东西，但买不来真情、真意，所以重情的人淡泊名利。

村子里有位年近七十的老大爷，平日酷爱养花。有一次，老大爷的儿子为他找到了优质品种的菊花种子，种下去后，第二年秋天，老大爷的花园里开满了美丽的菊花，香味一直飘到村头。老大爷经常在花间漫步，有时喝上一杯酒，很有"采菊东篱下，悠然见南山"的情趣。

　　村里的人看了心生羡慕，都来向老大爷讨要菊花，想要移植到自己家中。老大爷很慷慨，只要有人来要，必然挖出开得最好的一株送给那人。没过多久，一花园的菊花被送得干干净净，老人的院子里只剩下一花园的土，但他仍然每天散步喝酒，飘飘若仙，村里人看到了纷纷称赞。

　　老大爷的儿子回村里看望他，看到花园里没有一株花，便奇怪地问道："怎么，我送你的菊花种子不能开花吗？"老大爷说："怎么不能开花，你难道没看到村子里每家每户都有你送的菊花。"儿子仔细一看，果然，每家每户都飘着清雅的菊花香气。

　　淡泊名利的人能够接近禅境，在他们心中，感情就如花香，不必拘于自己的园子，将它放在更多的地方，就会让更多人享受到那样一份怡然。故事中的老人不计较个人的得失，他明白好花要由众人一同欣赏，一个园子的花香只是剪影，一个村子的花香才是风景。

智者心语

　　心中有爱，恬淡宜人。

　　禅心之上处处皆有风景，因为把名利看淡，注重的便是人生中的那一份快慰。很多事可以自己做，但如果和他人一起做，进度就格外地快，感觉也格外地好。既享受彼此扶持的那份情谊，也享受了两心相安的依靠感，这样的人生才会格外踏实温暖，让人留恋。

第五章 岁月静好，惜福常乐
——淡泊人生知性达观

岁月流逝，皱纹可以刻在人们的面庞上，却不可以刻在心上。人们常常觉得生活给予我们太多的紧张与烦躁，于是年纪轻轻却暮气沉沉。大智者知足，既愿意品尝甘甜，也愿意承担苦涩，因为这些都是生活的馈赠。端正生活的心态，才能让岁月积淀成睿智。

1.用心灵的阳光照耀生活

一个贫穷的乡村教员今年已经63岁了，他一辈子过着清贫的生活，没有结婚；到退休时也只是个普通教师，没有职称。但他看起来乐观开朗，有人好奇地问他："你活在世上一辈子，却什么也没有得到，你为什么还能这么高兴？"

教员说："你生过病吗？比如，重感冒。"询问的人点头，教员说："卧病在床的时候，喉咙里有痰，你才能察觉平日的喉咙有多舒服；高烧烧得头疼，你会怀念平日脑子的清醒；躺在床上什么也不能做，就会知道即使没有得到什么，像普通人一样生活，也好过生病。"

生过病的人会格外珍惜健康，经历过大起大落的人会格外珍惜生活。一份普通生活是美好的，能够用工作证明自己的才华、靠学习提高自己的能力、感受与人交往时的点滴情谊，这是普通的生活，也是每个人能够拥有的好生活。只是人们往往觉得它单调，缺少刺激性，总是期待着电影、小说里的那些"奇遇"会降临到自己身上，或者羡慕别人那看来无比光鲜的日子，认为那才叫真正的生活，那样才会有真正的快乐。

不要以为快乐是生活以外的东西，快乐的确来自心灵，只有心中的充实快慰才能叫作快乐，但哪一种快乐能脱离生活呢？我们快乐，是因为在生活中遇到了让我们开怀的人或物，也许是读到了一本令人感动的书，也许是听到了一首美妙的歌，也许是和亲密的友人畅聊了一个下午。不只是快乐如此，我们能够拥有的每一件事物、每一份感悟也都与生活息息相关。我们参与其中，有时是主动者，接受了生活并改变着生活，不对生活的磨难屈服，实现自己的愿望，得到生活的回报；有时却是被动者，诅咒着生活并被生活改变，由意气风发变得庸碌无为——同样的生活，不同的人生，只看你如何选择、如何行动。

欧根教授是牛津大学有名的学者。一次，他的学生问他："老师，我今年 22 岁，仍然说不清什么是快乐，也许您的阅历能够给我指点迷津。"

欧根教授说："我今年 44 岁，比你大一倍，我也是刚刚知道这个问题的答案，它来自我的 11 岁的女儿。"

"11 岁？您的女儿是个天才吗？"学生惊叹。

欧根教授回答："她不是天才，她只是个普通的小学生。前几天，我看到她写的一篇日记，她写了自己快乐的一天：上午和小伙伴在公园野餐，下午给爸爸妈妈烤了一个蛋糕，晚上得到了

智者心语

内心的满足，是物质世界所无法给予的丰盈；而阳光的心灵，可以让人感知快乐。

叔叔送她的一本书。你看，我们一直寻找快乐，小学生却很轻松地找到了答案。"

了解快乐的人并不一定是饱经沧桑的智者，这样的人有时倒显得郁郁寡欢。有时候小孩子简单的快乐却道出了快乐的真谛。小孩子的生活天真而简单，他们能够为一次野餐、一块蛋糕、一本书而开怀，这些生活上的小事，在大人看来不值一提，却成了小孩子们的快乐。

在生活中，我们希望自己有更高的悟性，特别是那些快乐的感悟，如果能常常将其放置在心灵中，就能让我们有一份不老的心态。不过，要记住切不可远离生活，因为所有的感悟都来自于生活，那些快乐的事更需要你从并不一定如意的生活中一点一滴地发掘。只有那些善于从平凡中发现闪光点，并把这些闪光点聚集在心中的人才是真正内心光明的禅者，也是看穿俗世纷扰的快乐之人。

2.拥有，即是幸福

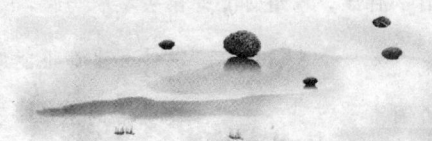

一个渔夫在海里捕鱼，几天没有收获，终于在回航的时候捕到了一条小鱼。网里的小鱼苦苦哀求渔夫说："我的年纪还小，还没有长成大鱼，还有很多想要去经历的事。如果你愿意放了我，等再过几年，等我长成大鱼，我一定会主动来找你，到时候任你处置。"

渔夫说："我也有几天没有吃东西了，如果我不能及时得到食物，几年后，我已经成了一堆白骨，你又去哪里找我呢？人不会为了没有希望的机会而放弃现有的利益。"说着，农夫收了网，将小鱼捞了上来。

天真的小鱼希望渔夫给它几年自由的时间，却忘记了聪明人都知道"当下"的重要，比起空头支票，眼前的利益才最需要把握，没有眼前，又何谈未来？人们追求的都是实实在在的东西，虚无缥缈只适合那些空想主义者，而众所周知，空想主义者最不切实际。

没有当下就是轻视过去。当下的美好能抹平过去的伤口，当下的努力能将过去的辉煌延续，不论过去是喜是悲，重视当下是对过去最好的交代；没有当下就没有未来。如果没有今日的积累，就没有明日的成就；没有今日的忍耐，就没有明日的壮大……一个人只有把握住当下的时光，才能把握自己的人生。

很久以前，在一片田野上有两条小河流，它们灌溉着东西两边的土地，使那里的人们安居乐业，安定地生活着。人们很尊敬地将这两条小河称为"母亲河"。

日子久了，一条小河开始不满足现有的生活，它对另一条小河说："我们的生活真没意思，每天都在这个偏僻的旷野中，不知道外面的世界究竟是什么样子，难道你不想出去看看吗？"

另一条小河说："做什么事都不能好高骛远，我们现在滋润着一方土地，养育着一方百姓，这不是最好的生活吗？你为什么非要出去？"可惜它的劝告没有什么效果，那条小河义无反顾地奔向远方，不见踪影。

很多年后，留在原地的小河听到了出走的小河的消息，它进了沙漠，最终干涸。因为它的离开，东边的土地不再肥沃，人们只好迁到西边，并拓宽了河道，让小河更加宽阔。西边的小河叹息道："有追求是好事，但是，做好眼前的事不是更重要吗？每天看着劳作的男人、织布做饭的女人，还有那些快乐的孩子，不就是最好的生活吗？"

智者心语

珍惜眼前的一切，人生的美好在于拥有当下，而不仅仅是探知未来。

"当下"不仅仅是个时间概念，它还代表了一种生活状态，包括你的心态、你所处的环境、你身边的人，以及他们对你的态度，所有这些因素加起来就是完整的"当下"。"当下"常常不能让人满意，需要改变，但有些人不是以当下为基础，使生活变得更好，而是好高骛远，就像那条最后冲进沙漠的小河，不能好好把握当下，就会损失未来。

　　心系当下，由此安详。智者之所以被人称道，是因为他们能够看透什么是真正的"当下"。那些虚幻的事物并不能当作寄托，"当下"是实实在在的境遇与勤勤恳恳的努力。接受"当下"也许不困难，把握"当下"却要有强大的意志力，"当下"不是用来沉湎的，而是用来奋斗的。"当下"是一种"因"，你想要什么样的"果"，就必须握住现在的时光，努力耕耘，期待收获。

3.聆听心灵的声音，一直走下去

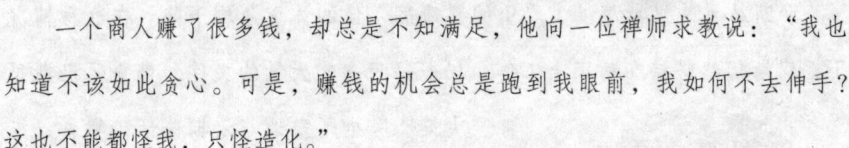

　　一个商人赚了很多钱，却总是不知满足，他向一位禅师求教说："我也知道不该如此贪心。可是，赚钱的机会总是跑到我眼前，我如何不去伸手？这也不能都怪我，只怪造化。"

　　禅师说："且听我给你讲个故事。古时候有个旅人在沙漠里走了几天几夜，十分口渴，这时看到一处清泉，他连忙跳进泉水之中，张开嘴喝那泉水。喝着喝着，他已不再干渴，他对那泉水说：'我已经喝够了。'但泉水依然流入他口中，他急得大叫：'够了！够了！'施主，你认为这个人如何？"

　　商人说："这个人太可笑了，他只要离开泉水，不再去喝就行了，怎么能让泉水停下?"

禅师说:"没错,只要自己离开即可,又何必责怪泉水、怪罪造化呢?"

每个人都会检讨自己,但这种检讨有真有假,有些人口头说说,有些人却是从心底认为自己的行为出现偏差。故事里的商人就是个做口头检讨的人,名为求教,心里却未必把贪心当成一回事,还隐约为自己能赚到很多的钱而得意。对这种有了成绩就归功于自己的努力、有了失误就把责任推给他人的人,禅师很直接地告诉他:"不要找理由,你不是不能,而是不愿。"

欲望能加速人的衰老。这样的人生就像负重的旅行,每走一段路,重量就要增加一些。初时觉得这些重量让生命不再那么轻飘,不知不觉间,它越来越重。糟糕的是,人的负重能力也在不断增加,我们无法及时察觉负担重了,直到它即将把我们压垮,我们才终于听到心灵奄奄一息的声音,才想到应该让它喘口气。

汉斯是个成功的企业家,拥有一家大公司,他每一天都在为扩大自己的事业而奔波。有一天,他累倒在机场,被秘书送进了医院。

诊断结果是汉斯患上了严重的胃溃疡,他的体重急剧下降。在这种情况下,汉斯仍然坚持在病床上工作,秘书每天拿来大量的文件,都需要汉斯思考、决策。医生严肃地与汉斯谈话,警告汉斯不要继续操劳,否则会有严重的后果。

汉斯说:"可是,医生,我不能停下来。我的公司还在发展期,如果我不管,它就会原地踏步,甚至被别的公司吞并。我不想看到这种事发生。"

智者心语

从欲望中抽身,做自己,最舒服。

"如果你再不收敛，不用多久，就会一命呜呼，你的事业就会由别人接手，难道这就是你想看到的吗？"医生说，"你可以试着让自己轻松一下，不会影响你的事业。"

　　汉斯没办法，只好把公司暂时交给了几个亲信打理，自己去国外疗养半年。半年后，汉斯的健康状况得到极大的好转，更重要的是，他的心态发生了转变。在每日与湖光山色为伴的过程中，他明白了生命中还有太多需要享受的东西，赚钱不是最重要的事。回到公司后，汉斯注意劳逸结合，没想到的是，在他一张一弛的工作方式下，他的生意竟然更好了。

　　有些东西需要收敛，有些东西需要放松。舍弃那些不必要的欲望，才能换回相对轻松的生活。就像故事中的汉斯，重病一场，他才明白劳逸结合的重要。或者说，他不是不明白自己需要休息，而是从前太不知足，总是想着赚取更多的金钱。为了金钱宁可放弃健康、放弃生活，这无疑是一种糟糕的选择，如果内心不知满足，人们只会作出这种糟糕的选择。

　　曾有一位名人说："如果你一直不满足，即使得到整个世界，你依然是不幸的人。"不能舍弃欲望的人就不能知足，这里的"欲望"指的是那些过度的、不切实际的念头，并非人们正常生活必需的那些愿望。"知足"并不是一种消极的生活态度，就算是修禅者，也并不倡导人应毫无欲望，更不赞同做人不思进取。"知足"只是我们对待生活的一种方式，比起那些轻视生活与挥霍生活的人，知足者更懂得拥有的可贵。他们的欲望不多不少，恰恰满足生活的要求、事业的要求、心灵的要求，自然比别人更加轻松愉快。

4.心境决定幸福

据说，神灵创造世界的时候，想要把快乐作为礼物送给世人。可是神灵认为快乐不应该轻易得到，否则人们就不会珍惜，于是决定将快乐藏在一个地方。

神灵首先想到的是高山，他想：如果把快乐藏在高山上，是不是很不容易被得到？很快，神灵否定了自己的想法，因为高山显而易见，每个人都知道。

神灵又想把快乐藏在海里，但是人们一定能够造出舟楫得到，于是神灵又想把快乐埋在土里，但很快他又否定了自己的想法，因为只要挖掘，所有人都能找到。

最后，神灵发现一个最容易被人忽略的地方，这就是人的心灵。只有将快乐放在人的心里，才最不易被人发觉，因为所有人都想不到快乐其实就在自己的身上。

每个人都希望自己快乐，谁不想每天展露笑脸，常常有幸福的感觉？人们殚精竭虑所追求的不过是成功那一刻的舒心与喜悦。但快乐难得，而且来去匆匆，我们总是想着有没有一个地方埋藏着快乐的秘密，让我们从此不必烦恼。其实，快乐的秘密就在每个人的心中。

大智者最重视心灵的财富，他们认为心灵应是宁静的，也应该是生气勃勃的，生长着快乐的种子。其实只要善于发掘，我们每个人都能发现很多快乐的种子，有些人有出众的才貌，有些人有良好的品性，有些人有积极的爱好，有些人有成功的事业……所有这些都能让你的心灵茁壮。

一只山鸡正在山里唱歌，有只凤凰飞了过来，山鸡说："凤凰！停下来歇一歇，给我讲讲扶桑国的事吧！我听说你住在那里！"

凤凰落了下来，说："扶桑国在东海边，那是一个美丽富庶的国家，也是鸟类的天堂。那里有最好的土地、最温柔的风、最美味的食物、最清澈的泉水，你要是愿意，就和我一起去那里吧。"

"不，"山鸡说，"我只要听一听那里的事，长一点儿见闻就可以了。"

"难道你不愿意去扶桑国，而要一辈子在这个穷山沟里吗？"凤凰不解地问。

"我年轻的时候，曾经去过扶桑国。"山鸡说，"我一路跋涉，去到了那个地方，却发现那里并不适合我，并没有我想要的生活，于是我回到了这里，这里虽然偏僻，却有我的幸福。我请你下来问问扶桑国，只是想知道那里的近况。"

每个人都有自己的追求，但追求不是生命的全部。你的追求未必是他人的追求，你的快乐更不是他人的快乐。子非鱼，安知鱼之乐，不必像故事中的凤凰那样对他人提意见，你要做的是寻找属于你的那一份快乐，你觉得好，才是真的好。

有些人因求之不得而忧郁，他们大多羡慕别人的生活，常常容易否定自我。他们理想的生活常常与物质紧紧相连，在他们看来，没有好的物质基础，一切便是枉然。凡事有缘定，看得开的人就是富有的人，看不开的人只能守着自己狭隘的心灵，不断地追问快乐究竟在哪里，而快乐正从他们身边无奈地经过。

5.五味人生，五彩生活

弘一法师俗名李叔同，我们经常听到的《送别》这首歌就是根据他的词谱曲的，当人们唱着"长亭外，古道边，芳草碧连天"为朋友送别时，李叔同已潜心钻研佛学，出家为僧，从此世间便有了许多关于弘一法师的故事。据说有一次，弘一法师因故在某地暂时停留，有朋友去看望他，见他正在吃一盘咸菜，没有任何其他饭菜。朋友说："你只吃这一盘咸菜，不吃其他饭菜吗？"弘一法师答："咸有咸的味道。"

第二天，朋友又去看望他，见他正有滋有味地喝一壶白开水，说："你难道不泡茶叶吗？"弘一法师答："淡有淡的味道。"朋友反复思量这两句话，觉得颇有禅意。

长亭外，古道边，天之涯，地之角，人生百味，人生百态，有太多东西值得我们去体会。就像一桌精心烹饪的酒席，如果只吃其中一道菜，未免辜负了厨师的良苦用心。如果想要尝遍所有菜肴，自然就会有爱吃的、不爱吃的、味道好的、味道不好的。

味道是主观的，你觉得好，自然就好，你觉得不好的，别人却有可能当作珍馐。唯有知道"咸有咸的味道，淡有淡的味道"才算行家。因为它的判断标准已经超越了个人的喜好，视角更加客观，视野更加广阔。这样的人，更懂得如何品味人生。

一位将军的战马陪伴他驰骋沙场，立下赫赫战功。年老后，它被卖给一个农夫，每天帮农夫推磨。某天晚上，战马想起它在战场上飞奔的日子，不禁老泪纵横，它多么希望回到年轻的时候，依然是那匹受人尊敬的战马。

农夫听到它的哭声，关心地询问："你怎么哭了？有什么难过的事？"

"我曾是一匹英俊的战马，现在却只能像驴一样推磨，我想到这件事就难过。"战马说。

农夫拍拍战马的头说："我理解你的心情。其实，我以前也是一个英勇的士兵，立下过不少功勋。退伍后，我在这里当一个普通的农夫。可是我没觉得现在的生活有什么不好，比起打打杀杀，现在的生活虽然一样疲惫，但好在轻松，我的神经每天都是放松的，这种生活不也很好吗？"

老骥伏枥，志在千里，故事中的老马仍然希望驰骋沙场，退役的士兵告诉它，每种生活都有它令人难忘、让人激动的地方，所以不要只想着过一种生活，应该习惯各种生活。忙碌的时候就享受奋斗的充实，能够休息的时候就享受身心的放松，这样的人生最丰富，也最自然。

人们很怕习惯的味道出现转变，因为心理上会出现极大的落差。这个时候需要调整心态，尽量习惯新的味道。同样是苦味，盐水和茶香的滋味完全不同，只在于你愿意将眼前的生活看作是一汪泪水，还是一杯苦过之后会有清香的茶水。

6.简单、惜福之人，常乐

养老院有位年近百岁的老人，无儿无女，靠着退休金在养老院生活。养老院里的老人大多病体奄奄，闷闷不乐。这位老人却精神矍铄，看上去无忧无虑。

有人问他："听说您只是个普通职员，事业上没什么成就。没有儿女，也没人孝顺，您为什么还能这么乐呵呵的？"

老人回答："各人有各人的追求，我是个没什么特长也没什么雄心的人。年轻的时候，我无拘无束，该吃就吃，该玩就玩，身体强健，性格乐观；成年后，我不与人争抢，凡事想得开，心境一直不错；年老了，我没有妻子、儿女，无牵无挂，还有这么长的寿命，我怎么会不快乐呢？"

一位无牵无挂、在养老院里悠然自得的老人，看上去更像一个禅者。禅者欲求少，年轻的时候享受年轻的乐趣，年老了享受年老的轻松，不汲汲于名利，也不灰心丧气，顺其自然地过着自己的日子，似乎生命的每一个阶段都能让他欣慰、给他力量，这样的人生状态让人羡慕不已。其实只要懂得知足，这种状态并不难达到。

知足者惜福，我们常常忘记任何事其实都有"福"的一面，即使是灾祸，也藏着转危为安的机遇；遇到顺境，更值得我们感激。但是，如果贪心不足，整天对现状唉声叹气，认为自己不幸，生活就会真的在你灰暗的目光中变得不幸起来。以不知足的眼光看待人生，认为小事遇到挫折是倒霉，大事遇到挫折是命运，人生下来就是为了受苦，再多的成绩也不能让自己开心一笑，这样的人生当然就没有幸福可言，因为不知足就无法感知幸福。

邓肯与苏珊结婚 10 年，虽然没有子女，日子却美满幸福。有一天，不幸的事情发生了，苏珊被车祸夺去了双腿，从此愁容不展。

为了能让苏珊开心，邓肯想了很多办法。但是，不论是带苏珊外出旅行，还是陪苏珊在家里解闷，苏珊仍然不开心。邓肯请教了很多朋友，终于想到一个办法。

这一天，邓肯将苏珊推进一家小书店，里面有一架架的书，还有煮咖啡和做点心的吧台、七八套喝茶看书的桌椅。邓肯说："在家里闷着也是闷着，不如你开一个小书吧。我已经雇了人进货和打扫店铺，你每天的任务是负责做点心、煮咖啡、照看客人。"

有了这个小书吧，苏珊像是重新找回了生命的意义。她每天很积极地研究如何烤制美味精致的点心、煮香浓的咖啡，也会留意该进一些什么书到店里。邓肯的一些朋友来过店里，对邓肯说："我为你粗略算了一笔账，你们开这个书吧，每个月不会赚太多钱。"

"赚钱并不是最重要的，重要的是满足了她的内心需求，只要她每天快乐，就比什么都好。"邓肯这样回答朋友。

智者心语

其实，幸福很简单——平安、快乐。

有时候，我们会觉得命运十分苛刻，每个人都要经历生老病死，顺境少，逆境多，想要的东西常常得不到，幸福的感觉也总是不长久，更有突如其来的厄运让人饱受折磨。就像故事中的苏珊，原本安乐的女人突然失去双腿，再也不能行走，就算坚强地接受了现状，生活何来快乐？苏珊的答案是积极地努力，寻找自己的生命的意义，满足自己的内心需求。

人们的内心究竟需要什么？在纷纷攘攘的日常生活中，我们也许察觉不到。而大病之后的人、大灾之后的生还者却能很清楚地告诉你：活着，尽可能让自己快乐，这就是我们最需要的东西。这个答案与名利无关，与他人无关，只和我们的内心相连。内心是光明的，有困境便可以度过，内心是阴冷的，处处了无生机。所以，我们需要拥有一颗平静的禅者之心。

7.人生中的每一道风景，都需要你的欣赏

有一个木制车轮被人砍下一个角，它从此成了废物，再也不能使用。车轮很伤心，它决定找一块合适的木块填补自己，使自己重新变得完整、有用处，于是它开始长途跋涉。

它走得很慢，一路上，它看到了美丽的草原、鲜艳的花朵，还有各种各样的动物。累了，它就在柔软的草地上打盹，听着风和小鸟的歌声，觉得心中十分安宁。

终于有一天，它找到了合适的木块，又变成了一个完整的车轮。再次被装到车上时，它发现自己只顾着向前滚动，再也看不到美丽的风景，再也听不到动人的歌声。它觉得很痛苦，终于领悟到：原来残缺也有残缺的好处，一旦走得太快，就会错过很多东西。

常听人感慨世事难两全，但不能两全也许并不是一件坏事，残缺有时能

给人带来惊喜。就像故事中残缺的车轮想要变得完整，一番旅程后，它突然明白当一个人太过圆满、太过急切，就会错过很多重要的东西。生命的意义不是不停地赶路，有时需要调慢步调，眼光不要只盯着前方不放，才能更好地欣赏大千世界。

我们处在一个忙碌的时代，身心每一天都在高速运转，大街上终日都有匆匆忙忙的身影。人们为了生计奔波，在这样的情况下参禅，何其不易。但也正因如此，心灵才更需要禅意来舒缓。我们的心就像一块柔软的布，被现实浸透挤压，皱皱巴巴，沾上各种泥浆，越来越硬。我们需要清风舒展它，需要细雨洗涤它。亲近自然，领悟禅意，觅得心灵的清风细雨。

格林先生是个忙碌的英国人，每天都在为工作奔忙，连周六周日也不得休息。这一天，格林先生联系了一家位于偏远牧场的厂商，他开着自己的车去签合同。归途中，汽车抛锚，他打了电话给汽车公司，汽车公司的人向他道歉，说要半天以后才能来拖车。格林先生自认倒霉，给自己的妻子打了个电话，妻子说："既然晚上车才能回来，这个时间你不妨下车散散步，看看景色。"

格林先生本想在天黑前回到公司交差，现在，他知道交差无望，索性下了车，走向田野。此时是秋天，金黄色的原野蔓延在阳光下，有三三两两的牛羊在吃草。眼前的美景让格林先生忘记了所有的郁闷。更让他奇怪的是，他明明经常看到这样的景色，为什么今天格外灿烂？

格林先生一直逛到天黑。回家后，他对妻子说起今日的经历，妻子说："太忙碌的人就会忘记身边的风景。看来，我们应该经常去野外游玩，陶冶我们的身心。"

人们常觉得活得累，并不完全是因为生活本身的劳累，而是因为他们不肯停下来休息。故事里的格林先生因为一次意外的抛锚，看到了那些被他忽略已久的风景。如果一个人能常常提醒自己慢下来，就能多一些时光享受这美丽的世界。慢一点儿并不是停滞，只是让脚步更加舒缓，让目光更加柔和，让心灵更加空明。

禅，就是一种回归自然，体味生命本源的灵性。最简单的东西最能让人心情放松，也最有价值。多多体会简单的东西，那些能给你满足的事物就在你的身边：美丽的风景不应该只是一种摆设；心中的事业也不该是折磨人的重担；随着岁月增长的不光是年龄，还有更多欢乐的机会、更加丰富的见闻、更为平和的心境。保持一颗禅心，记得生命最初的那份平和与透彻，不论顺境逆境，都能自得其乐，笑对人生。

8.各人眼中的最美，即是幸福

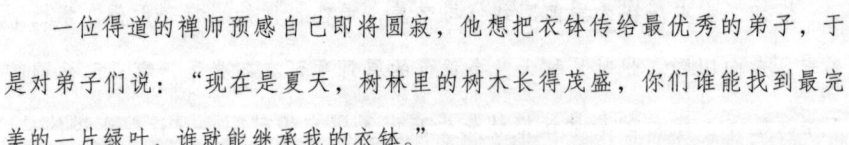

一位得道的禅师预感自己即将圆寂，他想把衣钵传给最优秀的弟子，于是对弟子们说："现在是夏天，树林里的树木长得茂盛，你们谁能找到最完美的一片绿叶，谁就能继承我的衣钵。"

徒弟们走进树林，各自去寻找完美的叶子。可是每片叶子都不一样，各有各的形态美。他们逐一比较，看得眼花缭乱，也无法选出最完美的，最后无功而返，对师父说："师父，世界上有那么多叶子，怎么可能有最完美的一片？请您不要为难我们了。"

这时，一位徒弟回来了，他举着手中的叶片说："师父，我找到了最完美的一片！"

其他徒弟看着那叶子，原来只是极普通的一片。他们开始挑剔这片叶子的毛病，那个徒弟却坚持说："在我看来，这就是最完美的一片！"

禅师会心一笑，宣布将自己的衣钵传给这位弟子。

在有智慧的禅师看来，一件事物的价值应由心灵决定，自己认为最满意的一片叶子，就是谁也替代不了的完美。同理，对自己满意的人就是最完美的人。这种满意并非自恋，而是不论有优点还是有缺点，自己都能够客观地接受自己，欣赏自己的好处，努力克服不足。这种状态就是心灵的理想状态，这样的人幸福感也最高。

想要对生活满足，首先要对自己满意。不要为难自己，要相信我们每个人都是这个世界上独一无二的个体，没有人能够替代。我们的能力也许不够理想，但好在每天都有进步，好在我们有美丽的梦想，并有实现它的决心，这样的自己值得骄傲。

一条龙遇到了一只青蛙，它们相互吹嘘着自己的生活。

龙说："我住的地方是广阔的东海，我每天在那里畅快地冲浪。东海的浪涛能有几十米高，波澜壮阔，气象万千！"

青蛙说："我的住处是一个池塘，那里清幽宁静，冬天有雪，夏天有莲花，非常适合修身养性！"

龙说："我每天能在白云上行走，还能降下大雨，我每天都很威风。"

青蛙说："我每天都在池塘里唱歌，还能

在陆地上跳舞，我每天都非常快乐。"

龙和青蛙的对话还在继续，一位禅师听到后说："龙的生活固然自在，但这只青蛙却更有禅心，它不卑不亢，能对自己满意，这就是最大的成熟。"

读完这则故事之后，我们羡慕的不是那条每天行云布雨、威风八面的龙，却是那只守着一方池塘、每天唱歌跳舞的青蛙。那种悠然的心态让人向往，以这样的心态生活，定会每一天都有笑容，每一刻都是惬意的满足。

大智者因为内心清静空明，对自己能够有正确的认识，但他们也会对自己有所不满，希望自己更加完美。其实事物都是相对的，完美也是如此，为人处世更是如此。不必强求什么，强求就容易失去本来的韵味；也不必规定什么，规定就容易失去自在的心态。用最轻松自然的方式审视自我、发掘自己，就会发现每个人都是一片值得欣赏的叶子，因为独特，所以完美。

第六章　不温不火，行善积德
——淡泊人生悠然自得

　　慢，在现代生活中已经变得十分稀缺，因为人们似乎已经被快节奏的生活所包围，快、速、急成了生活的主题。但生活的智者谦和而温厚，懂得唯宽可以容人，温和地对待每一个人、每一件事，如春风化雨，润物无声。悠然自得的生活，才是智者的生活。

1.存仁善之心，行仁慈之事

　　一位隐者在山间居住，有个樵夫不喜欢他，经常找他的麻烦，每次见面都用言语侮辱他。隐者从来不与樵夫发生争吵。邻居为隐者抱不平，说："你总是忍着，他才敢越来越放肆！"

　　隐者说："如果有人送给你一件礼物，恰好那件礼物你不喜欢，说什么也不肯接受。你说，这件礼物最后属于谁？"邻居说："当然属于那个送礼物的人了。"

　　隐者说："所以，若我不接受他的谩骂，你说他在骂谁？这是他自己的损失，我倒觉得同情，这种脾气，让他在生活中添了多少烦恼啊！"

邻居会意。过了一段时间，山里的人果然都对无端谩骂他人的樵夫有所非议，而赞扬隐者不与人计较的豁达胸襟。樵夫因此也渐渐开始检讨自己，不再谩骂。

古时候，有些高士隐居山林，不问世事，只求在山中修得心中清静，这样的隐士历来被视作得道高人，为人敬仰。得道之人因为对万事万物一视同仁，所以慈悲。就如故事中的这位隐士，明知樵夫辱骂自己，既不辩驳，也不抱怨，反而同情樵夫的境遇，这才是具有真正开阔的心胸。这位隐士是隐者，也有禅心。

慈悲是什么？慈悲就是能为他人着想，就算自己受到了不公正的待遇，依然能够站在他人的角度考虑问题，不以自己的遭遇迁怒他人。慈悲为人并不是一件简单的事，它需要很大的耐性，更需要广阔的包容性，有时候还要牺牲自己的利益，收敛自己的感情。但是，慈悲有积极的意义，因为你的慈悲，总会让他人受益，受益者会被你的善心感化，帮助更多的人。不知不觉，人们开始为他人考虑，你一个人就能带来一个群体的和谐。

一个化学实验室的助理在下班后找到导师，抱怨刚刚进入实验组的学生笨手笨脚，什么都做不好。不管他怎么教，他们还是经常搞错最简单的公式。

智者心语

仁慈与和善，是世间最简单的交流方式。

为此他建议道："为了实验着想，我建议把他们踢出实验组，他们实在太笨了！"

导师耐心地听他说完，对他说："两年前，你是研一的学生，进入这个实验室，你还记得当时的情况吗？当时你也经常搞错实验步骤，给别人添麻烦。有人也建议我不要用研一的新生，说太嫩，耽误事。要是当时我把你弄出去，现在谁当我的助手?"

听了导师的一番话，助理不禁脸红，他想到这几个学生都是以优秀的成绩考进这所学校，又被导师挑中才能进入实验组。谁没有不成熟的时候？谁不害怕做不好事情？看来，自己应该宽容一点儿，经常鼓励他们，他们才会越做越好。

没有人是天生的强者，即使是天才，也有蹒跚学步、笨手笨脚的阶段。人都是在不断学习中才能进步，当人们学习的时候，很希望有一个能够鼓励自己的教导者。故事中的助理曾经遇到帮助过自己的教导者，但他看待初学者时，却忘记了自己曾经受到的帮助。细心和耐心应该被传递，而不应该断绝，当你受到过别人的帮助时，就该想到有一天，你要把这帮助转递给需要的人，这才是人与人相处中最重要的东西——善意。

站在他人的角度想事情，受益的不仅仅是那个得到你帮助的人，还有你自己。因为站在他人的角度，你看问题自然就多了一种视角，比从前更加全面。如果你能站在最多人的角度考虑，就可以一窥事物全貌，巨细无遗。这个时候你也许就会懂得为什么那些得道之人有更多的智慧，就是因为他们曾站在最多人的角度看这个世界，因为他们拥有对这个世界的善意、对他人的慈心。

2.投之以桃，报之以李

古时候有个地主，脾气急躁，为人苛刻。有一天他吃坏了肚子，半夜在床上疼得打滚儿，他大叫侍女："小杏，快点拿蜡烛! 快点，蜡烛!"

侍女小杏慌手慌脚地在黑暗里找蜡烛，没想到被桌子绊了一下，跌在地上，还打翻了桌子上的东西。地主骂道："猪狗不如的东西！我每个月给你那么多工钱，你却什么事也做不好！让我这么半天摸着黑，连个蜡烛也找不到。"小杏反驳说："您真不讲道理！这么黑乎乎一片，我摸着黑，什么也看不到，怎么能一下找到蜡烛啊！"

地主夫人听了后对地主说："小杏说得没错，天黑蜡烛不好找，如果都能看见，要蜡烛做什么？你还是改一改这副急脾气吧。"

古代君子讲究"严于律己，宽以待人"，但在现实生活中，人们常常以宽容的心胸对待自己，以严苛的标准要求他人，认为自己犯的错误都是可以原谅的，他人的过失简直不可饶恕。就像故事中的这个地主，对他人做出不切实际的要求，他人达不到便要大发雷霆，难怪脾气越来越急躁，连夫人都看不下去了，出言指正。

人与人的相处充满了矛盾，因为思维个性的不同，在很多事情上很难达成一致。想要和谐相处，就要学会如何为他人着想，特别是在向他人提出要求的时候，要多多考虑他人的处境，具体问题具体分析，不要总是责怪他人不用心、不细心，你不是他人，怎么能对他人的行为下定论呢？何况他人如果是在帮助你，你最应该做的是感激，而不是指责和呵斥。只有能够尊重他人的奉献，人与人的相处才会有意义。

一座山上有两个寺庙，东禅寺的方丈脾气暴躁，和尚们也一个比一个彪悍，经常争吵，每天生活在戾气之中；西禅寺的方丈慈悲仁善，每个和尚也都笑容满面，生活很和睦。

东禅寺的方丈认为应该改改寺里的风气,就去西禅寺取经,他问西禅寺方丈:"你寺里的气氛为什么这么好?"西禅寺方丈说:"在东禅寺,如果有人做错事,你会怎么处置?"

"要严厉地责罚,只有这样,他下次才不致再犯错。我们寺里的人都会高声训斥做错事的人。"东禅寺方丈回答。西禅寺方丈说:"请看看我们寺里是怎么做的。"

正说着,一个小和尚拿着一封书信跑了过来,他跑得太急,跌了一跤,这时一个和尚跑了过来扶起他说:"对不住,对不住,刚刚扫地水洒得多了,地滑,让你滑倒了!"摔倒的小和尚说:"不,是我的错,我自己太不小心了。"说完,师兄弟亲亲热热地去了禅房。

看到这一幕,东禅寺的方丈说:"原来这就是保持和气的方法!"

人与人之间如何保持和气?首先,自己不要太过急躁,动不动就使性子发脾气;其次,要多多体谅别人的难处,明白每个人处境不同,都有自己的不得已;最后,要多反思自己的错误,也许错误不在别人身上,是自己要求太高,或者考虑不周。就像故事里的和尚们,多多检讨自己,自然一团和气,不嗔不怒。

人与人之间的关系,靠的是彼此的体贴与关怀,特别是在有分歧的时候更要互相谅解,不然就算是朋友也会变成仇敌。在与人交往的时候,常常检讨自己的过失,不要一味地抱怨别人,也不要轻易责怪别人,这样才能让别人感到愉快,更愿意与你多多接触。与人相处时,不要太急躁,遇事多多体谅他人,才能保证自身心平气和,处世顺心如意。

3.口出善言，温暖人心

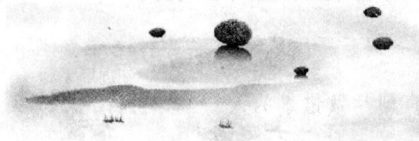

一位老诗人正在一所大学为学生们演讲。老诗人年事已高，声音有些颤抖，他所讲的那个理论也还停留在几十年前，早已过时。出于对老人的尊重，听众们用心倾听着，不时报以掌声，这时却有一个学生大声说："你讲的东西早就过时了！这样的诗歌放到现代根本没人会去看，更记不住。这些东西也只有老古董才会去读几行！"

现场的气氛冷了下来，老诗人的双唇颤抖，好不容易才把演讲稿读完。听众们都对那个学生投以冷冷的目光。演讲完毕，老诗人伤心地乘车离去，据说回家后一直很沮丧。那个学生听说这件事后，很后悔自己的失言，他想向老人道歉，又深知道歉也于事无补，只能盼望这位老诗人可以早日想开些。后来，老人通过别人知道了他的后悔，托人转告他说："不要在意这件事，我已经不去想它了，你也忘了它吧。今后说话要多考虑别人的感受，不要无缘无故地伤害别人。因为你眼中的错误，可能是别人一辈子的坚持。"

良言一句三冬暖，恶语伤人六月寒。故事中年轻学生的一句话，让年老的诗人伤心不已。学生只是年少无知，不大会顾及别人的心情，老人最后虽然原谅了他，但内心的伤口其实并不能愈合。有时候一句不经意的话，就会毁掉他人的心情、他人的自信，甚至他人的生活，所以说话之前要多多考虑，不要口无遮拦，伤害他人的感情。

言者无心，听者有意，说话时要顾及别人的心情。一句话对你而言，也许不包含判断，不包含爱憎，仅仅是一句话而已，但在别人看来，那可能是一句让他心里觉得别扭的讽刺，也可能是恰好踩到他痛处的挖苦，有时候还可能成为他评价你的依据。人与人交流靠的是语言，不重视语言，话拿来便说，丝毫不考虑后果，实属不智。

狮子是一个讲究领导艺术的森林之王，它从不让自己的臣民难堪，即使提出批评，也会选择最容易让人接受的方法。

一天，山下的农民跑来告状，说山里的猴子偷走了田里的玉米，狮子表示它会处理这件事。它让人叫来猴子，对猴子说："去年一年，因为我的领导失误，森林里发生了很多事，我没能带着大家得到更多的粮食，导致你们一家吃不饱饭，只好去山下拿一些玉米给家里的老人填饱肚子……"

猴子没想到国王如此体贴下情，它感动地说："的确是我们不对，不应该去偷农夫的玉米。今年我们会更勤恳一点儿，不再让这种事发生。"最后，猴子怀着愧疚走出王宫。一次"批评"，让动物们对国王更加心悦诚服。

批评人最需要技巧，否则就是不被人欢迎的指手画脚，还常常招来他人的抵触心理。故事中的狮子首先检讨自己，然后再说别人的不是，用自己的虚心换来他人的认同，这就是会说话的表现。会说话的人把交谈当作一种艺术，注重的是沟通的效果。

耐心与平等是友好沟通的基础，不论是夸奖别人还是批评别人，切记不要说"过"。想要夸奖一个人，用平和的语言、真诚的态度会让被夸奖人得到信心和鼓励，看到自己的价值和作用，这样的夸奖人人需要、人人喜欢。但如

智者心语

祸从口出，伤人之语，三思再言。

101

果总是夸奖，夸过了头，就成了让人警惕厌烦的奉承。

　　一个有德行的人要留心自己的言语，不要说不该说的话。任何时候都要让自己的语言符合自己的品德，语言是为了交流而产生，一定要把它当成维护人与人关系的工具，而不是伤害他人感情的利刃。

4.以平和之心，纳福成长

　　古时候，有个男人心胸狭隘，经常和邻居发生口角，今天嫌东家的篱笆占了自己家的土地，明天骂西家的鸡吃了自己院子里的小米。有一天，他又和一位邻居发生争执，双方吵不出个所以然，男人决定到附近的寺庙找一位禅师评理。

　　禅师听完了这个男人的话，对他说："我今天刚好有事，不如你明天再来吧。"

　　第二天，男人又去寺庙找禅师，禅师不在，弟子说："师父出去了，让我告诉你明天再来。"

　　连续几天都是如此。直到第五天，男人终于见到了禅师。禅师说："你有什么事要对我说？"男人想要数落邻居的不是，突然觉得那么小的事情，过了好几天还要说个没完，显得自己太没气量，于是说："没什么事，就是来问候您一下。"

　　禅师说："这就对了，仔细想想，世间能有什么大事？平和一点儿，没什么事值得你大动干戈。"

心胸狭隘的人看到的世界也是窄的，处处都有气，事事都急躁。而为故事中那个男人评理的禅师却不急不躁，他是得道高人，自然不会将区区口角放在眼里，他知道忍上几天，怒气就会烟消云散。在得道者看来，世间本无事，庸人自扰之，与其急躁，不如从容待之。

平和的心有禅性，故脾性不急躁，有了怨气能够自行疏解，不与人因琐事起纷争。就像广袤的土地，不论敲击还是播种，都能一视同仁，保持自己的坚实和深厚。仔细想想，世间又有多少事真的值得自己生气？保持心平气和才能集中精力做好自己的事。

平和的心有定性，故行事不激进，凡事都能深思熟虑，不会因一时冲动而打乱了计划，带来不可挽回的损失。就像潺潺流动的河流，总能到达入海口，又何必激荡澎湃？细水长流既能达成目标，又有悠闲自在的情致。

一个老锁匠一生制锁、修锁、开锁无数，年纪大了，他想找个弟子继承他的店铺，继续打他的招牌。在几个手艺高超的弟子中，老锁匠不知该选哪一个。

老锁匠想到了一个方法，他将3个柜子都上了3重锁，对3个手艺最好的弟子说："我想要从你们之中选一个当我的继承人，你们谁能以最快的速度开完锁，让我满意，我就将我的店铺传给他。"

3个弟子很兴奋，飞快地打开3重门锁，速度几乎一样。对这个结果，老锁匠不感到意外，他问了另一个问题："说说看，你们在柜子里看到了什么？"

"我看到了一块金子。"一个弟子说。

"我看到了一块宝石。"另一个弟子说。

智者心语

平静待事、温和对人，安详的内心给人以力量。

第三个弟子瞠目结舌，呆呆地说："我只想着开锁，没有注意里边有什么东西。"

"你就是我的继承人！"老锁匠宣布。他又对其他弟子解释，"不论做什么都要讲修为，参佛的人心中只有佛，作画的人心中只有画，开锁的人心中只能有开锁这件事，其余的东西都要视而不见。因为看不见，就不会产生非分之想，这就是我选他做继承人的原因。"

想要心态平和，就要抗拒诱惑，不要产生非分的念头。老锁匠选择继承人不仅看手艺，更看重徒弟们的心是否经得起考验，看到财物未必心生贪念，但不看不闻的人更显专心致志。当众人都为外界诱惑眼花缭乱、心志不坚时，能够一心一意专注于心灵的人，尤为难得。

非礼勿视，就能杜绝非分之想。就像故事中的小徒弟，知道诱惑不可取，索性不去看，只做自己该做的事，这也是一种"得道"。只要守住自己的本分，世间就没有那么多求之不得，自然也就不会铤而走险。遵循自己的人生，自然会得到自己的幸福，不属于自己的就算得到了，也会背上不安或内疚的包袱，终究不踏实。

人是感情动物，平和的心需要自我约束，才能真正做到波澜不惊。所谓的平和并非没有感情，而是让感情更加平和。强烈的仍然强烈，只是它有了一个限度，不会因诱惑失去定力，不会因急躁失去判断力，也不会因哀伤失去目标。当感情有了平和的心做底，它就不会失去本应有的色彩，只会更加长久，更加专注。

5.善待他人，成全自我

在一条街上流传着一个"育孤老人"的故事。这位老人心地善良，一辈子先后收养了几十个无家可归的孤儿，供他们上学读书。这位老人的善行让人们感叹，人们自发捐款，为老人募集了一笔"孤儿基金"，以减轻他的压力。

有电台记者来采访老人，问老人为何有如此善举，老人说："因为我也是个孤儿，是一对好心的老人收养了我，让我上学。我的养父母早已去世了，但我常常想起他们。"

如今，老人已经去世10年，他的名字依然被这条街上的人铭记着，人们用他的事迹教育自己的孩子要做一个善良的人，把爱心传递给更多的人。

爱心最能体现一个人的品德，故事中的老人并不富裕，也没有做出过丰功伟绩，但他的名字却一直被人们铭记。比起世间的名利，人们更重视的始终是一份真情，人们最尊重的始终是一颗肯为他人着想的高贵之心。

据说在伦敦的一些教堂前，人们会习惯性地把口袋里的零钱扔在草丛和石子路上，过往的行人也不会捡起来据为己有。这些钱是为了给那些贫苦又非常有自尊的孩子的，这点点滴滴的爱心折射出的是人们无私的灵魂与对他人的同情。

有爱心的人待人温和，他们愿意让自己也让他人相信人与人之间的关系是美好的，人情味是可以超越功利性而存在的。爱心是一条纽带，把陌生人连在一起，也能让那些孤独的人感觉到温暖，让那些愿意给予的人察觉到自己的价值。

两个富翁同时到了天堂，他们是多年前的朋友，后来各自做生意，到了不同的国家，再也没有联系。此刻，他们相逢在天堂门口，不禁感叹各自的遭遇。他们看到对方穿着朴素的衣服，都诧异地问："你看上去怎么这么贫穷？"

一个说："一直以来我都是个富有的人，我把赚来的钱全部换成金条存在我的地下室。可是前段时间，我所有的金条都被盗贼盗走了，我成了穷光蛋。而我死后，也不会有人记得我，我觉得我的人生非常失败。"

另一个说："我曾经也是一个把钱全都藏起来的人。晚年的时候，我生了一场大病，医生好不容易才把我救回来。我突然觉得人一死，拥有多少金钱都没有用，所以我决定把它们分给那些更需要的人。死之前，我已经捐出了自己所有的财产。相信不久之后，世界各地都会有以我的名字命名的慈善基金。"

两位富翁，两种人生，一个将财富用于帮助他人，另一个将金钱放在身边直到两手空空。实际上，世界上的一切都只是短暂地存在于我们手中，与其抓住不放，不如用它们去帮助更多有困难的人，这就是善良，就是善待他人。

智者心语

给予，不仅在于物质，更在于心灵的布施。

有德者慷慨。古语说："路行窄处，留一步与人行；滋味浓时，减三分让人食。"善待他人也是善待自己，就像一条窄窄的路，如果能为迎面走来的人留一步，自己也能很快通过；相反，若是寸步不让，只会耽误自己和他人的时间。

善待他人的人经常忘我，实际上他们并没有忘记自我，只是为了帮助别人而忽视了自己的利益。他们的善行会被那些受到援助的人牢牢记在心里。为什么说"好人有好报"？就是因为当好人遇到困难时，那些曾受到他们帮助的人会伸出援助之手，帮助他们渡过难关，因为每个人都有最基本的良知。与人为善，让人如闻琴瑟、如沐春风。

6.放低姿态，懂得倾听

某大学教授负责讲授选修课，几周之后，他发现听课的人越来越少。这一天，他提早结束课程内容，和学生们谈话，他问学生："为什么大学生这么爱逃课？"

"因为大家都觉得老师讲课没意思，还不如去自学。"学生们说。

教授听完说："现在的学生真让人无奈，当年我在北大，生怕错过老师的每一堂课，每堂课都早早去占位子，唯恐漏掉一句。难道他们不知道人外有人，天外有天？"

"恐怕就是如此。"有学生说。

"年轻人搞学问就好比种花，如果不把自己埋在土里，让人灌溉，如何能开出花朵呢？真可惜。"教授叹息。教授的这番话被学生传了开来，不久之后，课堂里的学生越来越多。想必是他们听了教授的话，觉得有道理，纷纷回到了课堂。

现代社会，人心难免浮躁，每个人都希望自己能够尽快脱颖而出，多数人迫不及待地想表现自己，处处张扬，唯恐别人看不到自己。故事里的老教授希望总是逃课的学生能有谦虚的心态，把自己当作一颗需要浇灌的种子，而不是早早开放的浮躁花朵。

在浮躁的心态下能有什么样的好成绩？我们举个简单的例子，来算这样一笔账：古代人想要功成名就大都历经"十年寒窗"的苦读，如果两个书生，一个在 10 年之内不断读书，不断积累学识；另一个有些天资，在读书的同时不断走亲访友、拜谒名人。10 年之后，谁的学识更深厚？答案很明显，前者也许金榜题名，后者也许成了王安石笔下的那个方仲永。

一位青年画师年少成名，成为皇帝的御用画师。他听说长安城外有座寺院，里面有个禅师画画很好，堪称国手，很多大画家都去向他请教，于是就去拜访那位禅师。

年轻人对禅师说："我一直想拜一位出色的画者为师，也见过不少画家，发现他们的画技都很平庸，还不如我这个初出茅庐的年轻人。"禅师说："你远道而来，一定口渴了，来喝杯茶吧。"

年轻人拿起茶杯刚要倒茶，禅师却说："错了，错了，你应该拿着茶杯，向茶壶里倒茶。"

"怎么能用茶杯向茶壶里倒茶，禅师，您糊涂了吗？"年轻人说。

智者心语

聆听，也是一种美丽的诉说。

"原来你也懂得这个道理。那么，你始终把自己摆在比其他画师高的地方，总是认为自己比他们更高明，这不就是茶杯以为自己能向茶壶里倒茶吗？"

年轻人听了，大为惭愧，从此虚心向人求教，画技果然突飞猛进。

眼高手低是年轻人的通病，凡事说得好，心气高，真要做起来却并不是那么优秀。这样的人不是没有才能，不是没有前途，只是他们的才能并没有他们想得那么出色。如果再不知道虚心的重要性，拒绝接受他人的意见，他们的前途自然也不会像自己想得那么远大。

就像故事中的禅师告诫年轻人要当一个茶壶下的茶杯，想要进步，最重要的是先把自己放低，你的眼光应该放在最高处，但你的心态一定要摆在最低处，随时接受他人的教诲，随时补充对自己有益的各种知识。没有人肯对一个高高在上的人说教，你的态度谦虚，别人才愿意指教你，你越真诚，越能得到真知识。同时，也不要随随便便对他人说教，也许你的意见根本没有实用价值，多听少说，谦虚的人都知道耳朵比嘴巴更重要。

西方一位哲学家说："想要到达最高处，必须从最低处开始。"有了一点成绩就飘飘然的人做不了大事。总以为自己的成绩多么了不起，就会限制住自己的目光，看不到别人的优秀。想要做大事必须学会"手低"，善于做小事，把每一件具体的小事做好，以此去实现自己的远大志向。正视自己、保持谦虚，这就是做大事者必备的心理素质。

7.喜忧无常，全在心境

寺庙的古井旁有两个水桶，它们经常交谈。这一天，一个水桶对另一个水桶说："你为什么如此不开心？是不是发生了什么不幸的事？"

那个闷闷不乐的水桶说："我们每天都在重复着不幸的事。你看，我们进入井里，好不容易把自己装满，却又要立刻被倒空，到最后还是空荡荡地被晾在这里。"

发问的水桶说："原来你在烦恼这件事，你为什么不换一个角度去想呢？我们每次都是空空地下去，然后装得满满的回来，这是多么有意义的一件事。用这个角度去想，难道你不觉得很快乐吗？为什么一定要让自己烦恼？"

乐观的人总能乐观，因为他们把享受快乐当作一种习惯。法国有位喜剧演员说他每天都要对着镜子练习微笑。生活不就是一面镜子吗？你对着它哭，它就哭个没完；如果你笑着对待它，它就算有时耍脾气，最后总会笑着对待你。一颗乐观的心在任何时候都能陪伴我们圆满地走出困境。而且，乐观的人比悲观的人更有运气。

三条贪玩的鱼在涨潮时随着潮头涌上海岸，它们玩得兴起，退潮时忘记回家，被搁浅在有一点儿浅水的沙滩上。月光下，三条鱼像是听见了死神的脚步声，它们开始商量如何回到大海里。

一条鱼说："等到下次涨潮，我们就可以回去，但在那之前，渔人就会发现我们，我们就要变成食物。不如我们鼓足力气，一点一点跳回大海。"

另一条鱼说："我想我们没有那么好的体力，我看那边有块礁石，不如我们藏在石头缝里，躲过渔人，等到涨潮时就可以回家了。"

第三条鱼说："算了，算了，我们这么倒霉，不可能回到大海里，只能在这里等死了！"

那两条鱼没有理它，一条拼命打滚，跳回大海；另一条藏进石缝，等到第二天涨潮，回

智者心语

勇于面对，无论喜悦、悲伤、痛苦、磨难……任何情绪都是财富，都可以通过心境转化为你想拥有的。

到了海里。第三条鱼直挺挺地躺在浅水里，第二天被早起的渔人一把抓住。

乐观和悲观不仅仅是一种人生态度，还会决定很多事的走向。就像故事中的3条鱼，第三条鱼就是典型的悲观主义者，其他两条鱼都按照自己想到的办法，相信自己有机会活下去，只有第三条鱼干脆在原地等死。悲观的人放弃的不只是自己的快乐、阳光的心情，还有命运的主动权。

凡事都有两面性，即使在阴影中，也要相信阴影后面就是阳光，这才是乐观者的态度。一个人如果想要快乐，就要常常培养快乐的心境，只有这样的心境才能让人有积极的思维。如果你觉得人生是不快乐的，就更要努力去改变，为什么不尝试将阴影变为光明？将忧伤变为幸福？命运始终掌握在你自己的手中。

8.自以为是，害人误己

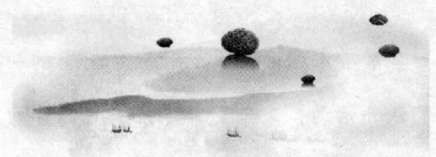

有头驴子读过一些书，认识不少字，很多动物称赞它有学问，它就以为自己是动物中最有学问的，经常自以为是，对动物们指指点点，以炫耀自己的才学。

这一天，驴子遇到了一只夜莺，这只夜莺是森林里著名的歌手，它声音甜美，唱起歌来令听众陶醉不已。夜莺有礼貌地向驴子打了招呼，驴子说："夜莺啊，我早就想和你说话，你是这森林里最有名的歌手，但在我看来，你唱歌也不是十全十美。"

夜莺欢快地说："世界上没有十全十美的歌手，不过我也很想知道自己的缺点，如果你愿意就给我提提意见吧！"驴子一本正经地说："我认为你唱歌的确不错，可是，你的声音没有公鸡洪亮，你听过公鸡打鸣的声音吗？如果用那种声音来唱歌，那该有多么震撼人心！我觉得你应该考虑拜公鸡为师，学习一下打鸣的技巧。"

听了驴子这番话，夜莺很客气地道谢，其他的动物都哈哈大笑。没多久，整个森林的动物都知道了驴子的这番"高论"。但驴子仍然以万事通自居，走到哪里都要指指点点。

自以为是的人常常让人哭笑不得，他们总以为自己是万事通，凡事看到了就要掺和进去，发表自己的一番"高见"。不过，这种人就像故事中的那头驴子，对根本不了解的事情说三道四，反而让人笑话。实际上，当他们侃侃而谈，说得头头是道的时候，大家都知道他们是在不懂装懂。他们说的话，只会被当作胡说八道，谁也不会重视。

章华永远记得年少时班主任上的一节特别的课。那一天班主任带领学生们课外活动，来到野外。那时正是麦收时节，老师对学生们说："这麦田一望无际，但麦子的质量却不一样，有些麦子割下来是实心的，有些里边却是空的，这种麦子叫作稗子，你们知道麦子和稗子有什么区别吗？"

智者心语

有时，知错能改不是一种低头，而是一种昂首阔步。

学生们纷纷摇头，老师说："你们仔细观察，田里的麦子有何不同？"

"有的抬着头，有的低着头！"有学生说。

"没错，那些低着头的麦子就是实心的，因为它们有内容，也有修养，它们知道自己的一切都来自于大地，所以将头谦虚地朝向大地。

112

而那些昂着头的就是稗子，它们没有内涵，却骄傲自大，所以将头朝向天空，唯恐别人看不到。你们今后一定要注意，不论有多大的本事，都要像麦子一样谦虚，否则，就会成为没有多大用处的稗子。"班主任说道。

孔子说："知之为知之，不知为不知，是知也。"想要得到真才实学，就要像麦子一样低下头，这样的人内涵才厚重。那些对事情一知半解便开始洋洋得意的人，也许有人会被他们那故作高深的外表蒙蔽，但他们却会在真正的行家面前露出马脚。

和人相处，我们更要有谦和的心态，术业有专攻，没有人能样样全能。每个人都有特长，在自己不擅长的方面，切不可摆架子，要做到不懂就问，一知半解只会让自己更加无知。懂得了什么也不要急于表现，要做一个有学识并且有道德的人。品德若是与学识相辅相成，就像陈年美酒，越是沉淀，越是香醇浓郁，让人向往。

第七章　淡名淡利，清心素雅
——淡泊人生平静自在

腹有诗书气自华。朴实无华的外表，并不能释去内在智慧所绽放出的光彩！不追求名利，简单朴素的生活同样可以显示出自己的志趣；不追逐热闹，心境安宁清静，同样可以达到远大的目标。风轻云淡之后，风景这边独好。

1.淡然处事，海阔天空

螳臂当车，无疑是自不量力。淡定不仅仅是指在荣誉、名利面前能够保持平常心，也包括能够客观地认识自己、认识他人。我们要想客观地看待一切、认识一切，就离不开一颗淡然的心，如果内心不够淡然，我们就可能成为挡车的螳螂。

知足不辱，知止不殆。假如我们只是按照个人意愿和本能来行动的话，就有可能会自取其辱，面临失败。正所谓知己知彼，百战不殆，只有客观地了解自己和他人，才能找到应对的方法。

从前有一只高傲的蜈蚣，它觉得自己非常了不起，于是向蛇发起了挑战。

它决定和蛇赛跑，约定如果谁赛跑输掉了，就要心甘情愿成为对方的奴隶。

蚰蜒听说之后，前来劝说蜈蚣："你为什么要和蛇赛跑呢？蛇比你身长要长得多，而且爬行的速度非常快，你怎么可能赢得了它呢？这样做简直就是自取其辱。你快放弃吧，趁现在还来得及。"

没想到蜈蚣一点儿都不担心，反而自大地说："蛇没有脚，我的脚那么多，怎么可能连它都赢不了呢？开什么玩笑，我一定会赢得比赛的胜利，然后让它做我的奴隶！"蚰蜒见蜈蚣不听劝，也就没有再说什么，默默地爬走了。

比赛的那天终于到来了，蜈蚣得意扬扬地爬过来，它看着蛇轻蔑地笑了笑，然后就待在原地闭目养神。比赛开始了，起跑的信号一发，蛇扭了一下身子，然后就快速地冲了出去。蜈蚣大吃一惊，没想到蛇竟然有这样的速度，它一着急，不小心几只脚互相绊住了，它马上调整自己的状态，终于协调好了自己的身体，正准备前进，才发现此时的蛇已经在终点看着它了。

因为对自己和对手都没有足够的了解，所以使得蜈蚣自取其辱。我们有时可能因为过于自负而失去了客观观察事物的能力。生活之中，有时我们就像这只蜈蚣一般，因为对荣耀的渴求，使我们在看待问题的时候缺少一颗淡然的心，所以容易变得自负，让自己成为他人的笑柄。

如果我们能够多去了解自己和他人，也许对问题就会有新的认识和解释，对于追逐的一切也许就会有一个新的看法。

智者心语

无论发生任何事情，冷静淡定的态度，总会帮上你。

在一个农舍中有一只非常漂亮的公鸡，它有着非常嘹亮的歌喉，每天都准时打鸣报时，偶尔还会唱几句，抖抖漂亮的羽毛，然后在鸡群当中来回走动，因为这样能够听到其他的动物对它的赞扬。

有一天，它一如既往地唱着欢快的歌，当它从一只母鸡身边走过的时候，母鸡异常生气地说："你这么喜欢唱歌吗？你觉得你的歌声很迷人吗？你不觉得你的歌声让人难以忍受吗？这声音简直没有人能够承受。"说完之后，就扭头走开了。

听到了母鸡的侮辱，公鸡非常生气，于是冲着母鸡大叫："你有什么资格对我的歌声妄加评论？你连唱歌都不会，你只会咯咯地叫，除了下蛋一无是处。"说完还准备上前去理论。

这个时候，另一只母鸡走了过来，对公鸡说："不要计较了，原谅它吧，它其实很喜欢你的歌声，只是现在这首欢快的歌不太适合它，天知道，昨天它的孩子被可恶的狐狸叼走了。体谅一下它吧。"公鸡听完之后感觉很抱歉，于是找到母鸡道了歉。

在遭到他人质疑的时候，愤怒是一种常态。但是，如果失去了冷静和淡定，那么我们也就没有了观察客观事实的能力。事出皆有因，愤怒也是如此，如果我们试着去了解事情的经过，那么愤怒也许就会在了解的过程中消解，这样我们才能学会包容，真正做到心宽如海。

2.抛开名利诱惑，独善淡然之身

古语有云："画地为牢。"以示惩戒之意。今天人们依然在画地为牢，只不过被困住的不是别人而是自己。金钱、权势、名利，等等，不断用欲求的枷锁捆绑住自己，为了这些生不带来、死不带去的身外之物，人们不惜去消磨自己的快乐，牺牲自己的幸福，甚至出卖自己的良心。

一些世人喜爱求取功名，于是不惜一切代价，然而功名一旦有了就放不下；世人贪图钱财，钱财一旦有了唯嫌不够，还要挣得更多；人不能没有事业，然而一旦有了就更加放不下，不惜牺牲自己的快乐幸福，甚至青春岁月。正是这些身外之物缠绕着我们的身心，使我们陷入世俗红尘的泥淖中不能自拔。

一个年轻人想去智者处求学，路上，他碰到一件极为有趣的事，就想以此来考考智者。年轻人来到智者家，恭恭敬敬地问候过智者后，便入了座，与智者一边品茶，一边闲谈。突然，年轻人冷不防地问了智者一句："什么是团团转？"

"皆因绳未断。"智者随口答道。

年轻人听到智者这样回答，顿时目瞪口呆。智者见状，便问："你怎么这样惊讶啊？"

"不，老先生，我惊讶的是，你是怎么知道的呢？"年轻人说，"我今天在来的路上，看到一头牛被绳子穿了鼻子，拴在树上，这头牛想离开这棵树，到草地上去吃草，谁知道它转过来、转过去都脱不开身。我以为先生没看见，肯定答不出来，哪知先生一下就答对了。"

智者微笑着说："你问的是事，我答的是理，你问的是牛被绳缚而不得解脱，我答的是心被俗务纠缠而不得超脱，一理通百事啊！"

年轻人顿悟。

智者心语

为繁复所困扰时，不妨跳出来，也许世界会有大不同。

虽然智者的回答并不关牛的事，但因为他

117

对世事看得穿、看得透，所以一个答案能解千愁。想想我们自己，不是也被一根无形的绳子牵着吗？就像那头老牛一样围着那些不相干的身外之物团团转，总是不得解脱。

斩断名利之绳，对活在现代社会的我们而言，就是要斩断心头的压力和欲望。压力也好，欲望也罢，只会让我们把人生的道理想得越来越复杂，结果生活越来越复杂，这根绳索便越缠越紧，再也不能解开。

去除了一切身外之物，就驱除了一切邪佞魍魉。人，其实是一个有趣的平衡系统。当你的付出超过你所得的回报时，你便会产生某种心理优势；反之，当你所得的回报超过了你的付出，甚至达到不劳而获的地步时，你便会陷入某种心理劣势。人是用物质上的不合算来换取精神上的超额快乐。有时，太过追求物质利益，看似得了便宜，其实却在不知不觉中透了支。这时我们要大胆地去丢掉、去去除。

一个妇人的丈夫开了一家公司，生意红火，这让他不得不没日没夜地忙碌。她的儿子又去了很远的地方读书，几个月才回家一次。

妇人一个人在家里，终日无所事事，便觉得不快乐。

男人心疼女人，便时常劝她说："你去亲戚朋友家走走，跟他们聊聊天、打打麻将。这样就会开心了。"女人照做了，也果然开心了一段时间。但是一段时间后，她觉得话题已经聊完了，麻将也打腻了，就又不开心了。

有一天，她突发奇想要开个花店，男人怕女人无聊，就同意了。花店很快开张了，女人每天去花店做生意，变得忙碌起来了。女人因为忙碌而感到开心，可是过了几个月，男人清算了一下，发现女人不但没有赚钱，倒赔进去不少。男人知道女人不是经商的料，但他不动声色。

后来有人问他："你妻子还开着花店吗？"他说："还开着。""是赚是赔?"他说:"赚。""赚多少?"男人只是神秘一笑。经再三追问,他才悄悄告诉别人说:"赚到十万分的快乐。"

有的人只计较钱有没有赚、名有没有得,却从不计较是不是得到了快乐、是不是赚到了幸福。看来,故事中那位丈夫才是真正的智者,他虽然损失了一些钱,却赚到了妻子的快乐,夫妻的和谐,使得一切邪佞之事无插足之地。

去除,简单地说,是一种生活态度,是人生拼搏的另一种境界,它不是消极的承受,也绝非放弃人生应有的追求。只有敢于去除,才能斩断捆绑于心的精神枷锁,从而轻装上阵;只有去除,才能赶走一切邪佞,使快乐繁茂。

3.保持冷静,沉着应对

想要走出迷宫,就要冷静下来。我们只有静下心思考,才能找到自己真正需要的东西,为自己制定更加明确的目标,也能让自己走得更远。有时候冲动是一时的,在冲动的状况下所作的决定并非是明智的,要想确定自己的目标,就要让自己先学会冷静。

非淡泊无以明志,非宁静无以致远,不能心淡如水的人,难以找到自己的道路。若要明确自己的志向,走向更远的地方,淡定是一种必备的素养。

有一次,一位探险家到没有人烟的沙漠中去探险。沙漠神秘而危险,稍微不留意就会迷失其中,他深知这点,所以压住心中的杂念,异常注意着周围的环境。然而意外还是出现了。

有一天，他突遭沙暴的袭击。在沙暴来临时，他本能地趴到了地上，闭紧眼睛，等到沙暴过去之后，他睁开眼睛，发现情况糟糕透了，因为他于慌乱之中丢弃的背包不知道被风沙带到了哪里，更为可怕的是，他挂在衣服上的水壶带子也被风吹断，水壶不见了！

对于沙漠之中的人来说，水就是生命，在荒无人烟的沙漠中丧生的人不计其数，找不到方向唯有等死。他开始有些慌乱了，因为此时的他一无所有。没过几分钟，他就觉得生命在慢慢流逝。

偶然间，他将手伸入口袋中，摸到了一个蝴蝶标本——那是他曾经承诺给女儿的礼物。原来他并非一无所有，他还有一个标本。他将这个标本作为自己的精神支柱。他冷静了下来，然后开始搜索脑海中的经验和知识，开始寻找出路。

烈日、饥饿、口渴，这些都像恶魔一般缠绕着他，在他的耳边不停地说："放弃吧，停下来。"但是他手中握着蝴蝶标本，非常坚定而淡然地前行着。一个昼夜过去了，他的周围还是一片沙漠，他仍然平淡如水。

直到3天后，他终于走出了沙漠，虽然此时他疲惫得几乎已到了体能的极限，但他还是非常淡定地握着蝴蝶标本，仿佛那是他的人生信条一般。也正是因为他能冷静下来淡然面对困境，才得以平安走出沙漠。

智者心语

一颗冷静的心、一个执着的目标、一副淡定从容的姿态，是通往成功路上的必备。

在沙漠之中丧生的人不计其数，走出来可以说是一个奇迹。其实，有时候被困于沙漠中的人并非因为体能到达了极限而死去，而是因为失去了理智，变得绝望，所以自杀。要想顽强地活着，就需要一颗强大的内心作为支撑，淡然是必不可少的一种品质，遇事能够淡然以对，才能为自己找到一条出路。

现代生活节奏快，我们就变得非常焦躁，

无论干什么都想一下就达到目标，要知道，罗马不是一天建成的。确定目标并不困难，难的是坚持的过程，在这个过程中也许会发生很多事，但是我们如果能够保持淡然，按部就班地进行，那么自己的目标就一定能够实现。

曾经有一名年轻人，他出生在一个非常贫困的家庭中，家里条件非常有限，连基本的温饱都难以保证，更没有多余的钱供他读书。所以他很早就进入了社会工作，虽然他的家庭没能为他提供非常优越的条件，但是他自己下定决心，无论先天条件如何，以后一定要成为连锁超市的总裁。

目标远大，需要一步一个脚印地去实现，年轻人并不冒进，每当有一点儿进步，他在开心过后都会淡然地继续前行。

刚开始，年轻人跟着一群人做苦力，干着非常辛苦的搬运工作，先是在码头，后来到了超市。即使是搬运工，他也觉得自己终于和超市有了联系。他的目标非常远大，他的每一步都走得非常稳健，他坚信自己会成功，无论遇到什么问题，他都能够保持内心的淡然。

后来一个偶然的机会，年轻人成了一家超市的促销员，他觉得他离成功又近了一步。他努力踏实的工作态度和淡然处世的原则吸引了很多人的目光，他从不会大肆宣扬产品的各种性价比，只是将手中的事做好。

他的销售成绩非常好，经理表扬了他，还给他发了奖金，接踵而至的一切并没有打乱他踏实前行的步伐。他宠辱不惊，他的这份淡定受到了经理的赏识。

终于，在两年以后，年轻人成了经理的助理。后来经理被总部调走，他成了这家超市的经理。他离梦想越来越近，虽然经过了很长的时间，但是他还是朝着自己的目标稳步前行，不急不躁，从来没有忘记过自己最开始的梦想。终于在多年后，他成了连锁超市的总裁。

时间非常考验人的毅力，随着时间的流逝，我们的目标和初衷是否会发生改变？这就要看我们是否能一直保持淡然。不以物喜不以己悲，正是我们对事物应该有的态度，确立了目标，就要下定决心，无论遇到什么事情都能够淡然以对，向着自己的目标前行，如果遇到问题就乱了阵脚，那么目标离自己只会越来越遥远。

4.看淡名利，轻松上阵

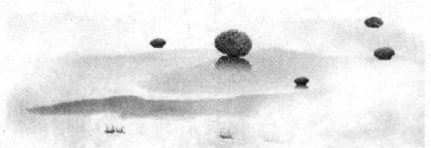

　　名利，被很多人所向往，追逐名声、财富和地位甚至成为人的一种本能。有时我们会受到名利的诱惑，却忽略了自己内心的真正需求。面对名利，我们需要抱持一颗足够淡然的心，唯有如此，才能把握名利，而不是被它支配。在能够控制的范围内，名利会为我们带来很多，但是如果我们没有淡然的内心，那么名利就会成为我们的负累，我们所追求的幸福也会成为一种负担。

　　除了我们内心的向往会让我们追逐名利外，有时人们的眼光也会影响我们。对于我们真心想要的东西，我们追逐的过程也是一种快乐，然而为了迎合他人的眼光而追逐，只会让自己不堪重负。

　　从前有一个男人，他带着自己的儿子到集市上去卖驴。两个人从家里徒步出发，一路上有说有笑，听着鸟语，闻着花香。

　　当路过一个村子的时候，有一对老夫妇看见他们两个人牵着驴走路，于是老头说："老婆子，你看那儿有两个傻子，明明有驴，却非要徒步行走，牵着驴走，真是愚蠢到家了。"老太太也跟着附和。男人和儿子对望了一眼，然后男人将儿子抱上了驴背，他牵着驴走。

当路过第二个村庄的时候，遇到了一群正在玩耍的小孩，于是小孩子们讨论开了。一个小孩指着坐在驴背上的儿子说："你们看呀，有一个不孝子，竟然自己骑驴，让父亲走路，真是太不孝顺了。"听完这句话之后，两个人看了看，儿子下了驴背，让父亲骑了上去，继续前行。

到了第三个村庄，遇到了一个三口之家，女人抱着孩子对她丈夫说："你看，那个父亲真是狠心，孩子那么小，竟然让小孩子走路，自己骑驴，真过分。"儿子和父亲思考了一会儿，两个人都骑了上去。

路过第四个村庄的时候，正巧遇到了两个放牧人，一个放牧人对另一个放牧人说："那头驴真是可怜，竟然要承受两个人的重量，那两个人真是太残忍了。"父子两人不知道应该怎么办，父亲一气之下，和儿子一起将驴捆住抬了起来。

终于到了集市，没想到刚到集市，人们就议论开了："你们看那两个傻瓜，竟然抬着用来驮人的驴子，真是愚蠢到家了。""他的驴子一定身体不健康，不能买他的驴。"父子两人听着这些议论，终于什么都没有说，牵着驴子徒步回家了。

仅仅因为他人的几句评论，父子两人就乱了自己的阵脚，只想着一味迎合他人的评论以留下一个美名，最后却忽略了自己卖驴的目的。没人喜欢骂名，所以，有时我们为了他人的眼光而选择迎合、选择追逐，但那样做只会成为自己的负担。走自己的路，任他人去评说，对待议论淡然一些，自然就不会被这些所累。

从前有一位漂亮的女孩子，她非常憧憬当

明星，于是下定决心无论如何都要成为一个明星，为此，她给自己制定了魔鬼训练计划。她本来长得很可爱，脸上有一点点婴儿肥，但是为了成为明星，她决心成为骨感美女。

女孩减肥成功之后，真的成为一名骨感美女，搭配着她独有的性感嗓音，在出道的一开始，就被经纪人打造成了性感、冷艳的形象。她喜欢唱歌，也喜欢笑，但是为了实现自己成为明星的梦想，她按照经纪人的要求扮性感、装冷酷。

渐渐地，女孩越来越出名，几乎人人都知道了这名看起来不爱笑的冷酷美女。因为出道形象的关系，她不得不保持这样的形象。曾经，她生活得非常恬淡，唱自己喜欢的歌，看自己喜欢的节目。但是成了明星之后，她处处都刻意让自己保持冷艳形象。

于是，她的幸福只停留在她成名的初期，因为她的名声越来越响，她过去的照片也被歌迷们翻了出来，人们抨击她伪造自己，不是天生的骨感美女。她感到痛苦，感到难以接受，她不想向歌迷承认自己曾经为了成名而努力减肥，因为她已经习惯了保持自己的冷艳形象，即使这个名声已经成了她的负担。她没有和歌迷解释，也没有接受歌迷评论的淡然心态，最终选择了服毒自杀。

保持名利有时比追逐更加困难，因为身在名利之中的我们如果缺乏一颗淡然的心就非常容易迷失自己。得到和付出是成正比的，在得到名利的同时意味着我们要付出很多。故事中的女孩为了维持自己的形象不得不选择伪装，为了得到，所以付出更多，在这些得失面前，只有保持淡然，才能不被名利所累。

名利并非不祥之物，只是我们在名利面前难以保持平常心，缺失了一份淡然。要想不变成名利的奴隶，我们就要学会看开，时刻保持一颗平常心，淡然面对一切。

第八章　不取邪财，正视名利
——淡泊人生无欲无求

有人说："金钱是一种祝福，不过只有在离开它之后我们才能受益。"其实金钱本身并无善恶之分，全在人们如何使用。以一颗平淡、不争的心去接近它，它便会展露善的一面。我们要做的就是要管住自己的内心，不取邪财，方得智者之心。

1.灵魂至上，淡泊名利

钱，究竟有着怎样的魔力？为什么人们常说："钱不是万能的，但没有钱是万万不能的。"难道得到了金钱，就等于拥有了幸福吗？难道为了得到金钱，就可以出卖自己的灵魂，牺牲自己的品德吗？

安布鲁斯·比尔斯编撰的《魔鬼辞典》中对金钱做出了这样一种诠释："金钱是有文化修养的标志，也是进入上流社会的通行证。金钱是一种祝福，不过只有在离开它之后我们才能受益。"

有时，金钱是能够让人赢取幸福和快乐的，但追逐金钱的路绝不简单。除了极个别富翁外，大多数人也都喜好钱财，甚至为钱财迷失了双眼，出卖了心灵。钱能带给人的不仅仅是幸福感，还有贪婪和罪恶。

伟大的戏剧家莎士比亚有一部著名的悲剧叫《雅典的泰门》。这个故事说的是，雅典贵族子弟泰门坐拥财富而且慷慨好施，于是身边聚集了很多阿谀奉承的"朋友"。这些人有的是贫苦穷人，有的是达官贵族，他们为了骗取泰门的钱财，甚至愿意为他当牛做马。

于是，泰门很快家产荡尽，负债累累。那些曾经依附于他的所谓的"朋友们"马上与他断绝了来往，而那些债主们则无情地逼他还债。经过这次世事变迁，泰门看尽了人类的贪婪和忘恩负义，变成了一个愤世者。

出于报复，泰门再次举行宴会，向曾经的门客发了请帖，那些人一见宴会如此奢华，以为泰门是在装穷考验自己，于是又蜂拥而至，虚情假意地向泰门解释。泰门气急败坏，揭开食盒盖子，把盘子里的热水泼在客人的脸上和身上，把他们痛骂了一顿。

从此，泰门离家出走，宁可躲进荒凉的洞穴，过着野兽般的生活，也不愿意回到富丽堂皇的城市。然而，上帝十分眷顾他，泰门居然在挖树根时发现了一堆金子。看透人世冷暖的泰门把金子分发给过路的穷人、妓女和窃贼，最终自己在绝望和孤独中悲愤而死。

智者心语

看淡钱财，灵魂会变得空明；清除杂念，心境自然淡泊。

这是一部悲剧，莎士比亚借泰门之口大发感慨，以揭露在金钱的诱惑下人心的丑恶。听一听泰门的心声：金子！黄黄的、发光的、宝贵的金子！这东西，只这一点点，就可以使黑的变成白的，丑的变成美的；错的变成对的，卑贱变成尊贵；老人变成少年，懦夫变成勇士。

呵，你是可爱的凶手，帝王逃不过你的掌握，亲生的父子会被你离间……

哲学家史威夫特说："金钱就是自由，但是大量的财富却是桎梏。"如果我们把金钱当作上帝，它便会像魔鬼一样折磨我们的身心。因此，我们要学会理智地对待金钱。金钱本身并不邪恶，只不过人的内心会因为它而变得邪恶。所以，我们要做的就是要管住自己的内心，看淡金钱，看淡一切邪财而不取。所谓："君子爱财，取之有道。"只要你能保证自己的内心洁净澄明，金钱依然是可爱的。

一个贫穷的农夫生性老实，经常做一些善事。后来他的名声传到了上帝的耳朵里，上帝就偷偷在他家的鸡窝里放了一只会下金蛋的鸡。第二天，农夫在他家的鸡窝里发现了一只金蛋，农夫喜出望外，但转念一想，觉得一定是有人在跟他开玩笑。农夫是个谨慎的人，为了保险起见，他还是带着金蛋去了金匠那里，一经检测，发现它果然是纯金的。

后来，农夫把金蛋卖了，得到很多钱。那天晚上，他为此同家人大大庆贺了一番。

第二天早上，农夫抱着试试看的想法，看鸡还会不会下金蛋，于是在鸡窝里一摸，果然又有一枚金蛋，一连好几天都是如此。

开始，农夫一家人喜出望外，但金蛋越多，人就变得越贪婪，很快他就对每天才得到一枚金蛋感到不满足了。于是，他心生邪念，要将鸡杀死，从而一次性取出所有的金蛋。然而，等杀死鸡后他才发现所有的蛋都还是小小的正在长着的蛋，而他一枚金蛋也没有得到。

农夫本来因为他的慈善心肠得到一只会下金蛋的鸡，但他为了得到更多的金蛋而迷失了本性、抛弃了灵魂，结果杀死了鸡，再也得不到金蛋了。

其实，一些人每天都在重复着杀鸡取卵的勾当，结果钱不但没有得到，反而丢失了本来的人性。取有道之财、合法之财，人方能光明磊落、坦坦荡荡、心地无私地活着。一个正直的人不会拒绝接受财富，但对不合法之财却从不沾惹。因为不合法之财会让自己受到欲望的牵制，最后受到精神和良心的折磨，落得一生不得自由的悲惨下场。如果我们能够将钱财看淡一点儿，心胸宽广一点儿，当你能容得下万事万物之时，就不会为一点儿钱财动心而生邪念。

2.清心寡欲，回归本真

如今在很多国家都流行一种简朴甚至清贫的生活方式。比如追求奢华浪漫的法国人像是改变性格一样，再不会选择那些更现代、更时尚、更奢华的生活方式了，相反，他们越来越趋向"清贫"地生活。这点从着装上就能得到验证，那些白领阶层，穿着都十分随意，衣料大都是棉布或化纤的，很少有羊毛、羊绒织品。这与法国人历来的追求时尚大相径庭。

在德国人眼中，他们的奔驰轿车跟他们的国家一样值得骄傲，但要是谁开着奔驰私家车招摇过市，一定会遭到鄙视的目光，因为德国人现在都普遍选择小排量的轿车作为家用车。

这种突如其来的节俭之风之所以吹向那些经济社会都比较发达的国家，其中一点原因就是对自然环境的保护意识，另外一点也是最重要的一点就是人们在尝尽奢华之后一种返璞归真的愿望。

当人们不再为温饱发愁而开始追求小康甚至更富裕的生活时，财富反而成为一些人走向幸福的绊脚石。最大的原因就是人们在追求财富、满足欲望的过程中迷失了淳朴的本性。当人们认为有钱就能买到一切的时候，会发现钱唯独不能买到最简单的幸福。

当你的财富越来越多、欲望越来越大时，十分容易丢弃了最初的愿望，迷失了自己。

石油大王洛克菲勒出身贫寒，创业初期靠的是勤劳肯干，那时人人都夸他是个好青年。然而随着财富的累积，他变得越来越贪婪，当他富甲一方之后，就更加冷酷残忍了。那时，宾夕法尼亚州油田地带的居民深受其害，对他恨之入骨，甚至还有人制作他的木偶像，然后将那木偶像处以绞刑，以解心头之恨。诅咒和谩骂几乎每天充斥着他的耳朵，就连他的兄弟也对他十分厌恶，可以说洛克菲勒的前半生都在众叛亲离中度过。

53岁的洛克菲勒在享尽人世繁华后，被疾病缠身，人瘦得不成样子。医生向他宣告了一个残酷的事实，那就是他必须在金钱、烦恼、生命中选择一样。一语惊醒梦中人，这时的他终于领悟到，是贪婪的欲望控制了他的身心，他听从了医生的劝告，退休回了家，每日打高尔夫球、去剧院看戏剧，还常常跟邻居打成一片。他开始过上了一种与世无争的平淡生活。

洛克菲勒发现当他逐渐放下那些华而不实的欲望后，烦恼少了，身体也健康了不少。后来，他甚至开始考虑如何把巨额财产捐给社会。但因为他臭名昭著，起初人们并不接受，说那是肮脏的金钱，可是他没有放弃，他通过努力，使人们慢慢相信了他的诚意。

那时，密歇根湖畔一家学校因资不抵债

智者心语

少一些欲望，少一些羁绊；多一些宽容，多一些成长。

行将倒闭，他听说之后马上捐出数百万美元，从而促成了如今的芝加哥大学的诞生。他甚至将慈善活动投放至全世界，北京著名的协和医院便是靠洛克菲勒基金会赞助而建成的；1932年中国发生疫病灾害，洛克菲勒动用基金会资金进行资助，有了足够的疫苗预防而不致成灾；此外，洛克菲勒还为黑人创办了不少福利事业。从这以后，人们开始用另一种眼光看待他。

洛克菲勒的前半生为金钱迷失了方向，后半生散尽千金，才重返生命的正道。据统计，他一生赚进了10亿美元，捐出的就有7.5亿美元。他用前半生创造了无与伦比的财富，用后半生的岁月找回了因为财富而丢失的世界，那就是用金钱买不到的平静、快乐、健康和长寿，以及别人的尊敬和爱戴。

做完这些事情后，享年98岁的洛克菲勒觉得了无遗憾了。

人的幸福感是很奇怪、很微妙的。当有了钱以后，我们未必会感到幸福，甚至有可能很不幸福；而贫穷是不幸的，但当事人如果能够接受现状，安贫乐道，并从生活中找到快乐因子，充分享受每一个细小的快乐，则未必感觉不到幸福。

在满足欲望的征程上，我们的幸福变得越来越单调、脆弱、不堪一击，当财富蒙蔽双眼，我们最原始、最朴素、最简单的幸福也就迷失了。清心寡欲，才能保留住本性的淳朴。在生活中，只要我们不远离真善美，不被金钱欲望所奴役，那么幸福就会主动来敲门。

3.明眼看世界，淡泊是关键

"钱财不积则贪者忧，权势不尤则夸者悲，势物之徒乐变。"这是庄子在《徐无鬼》中所说的一句话。意思是说，追求钱财的人往往会因钱财积累不多而忧愁，而贪心者是永不满足的；那些追求地位的人常因职位不够高而暗自悲伤；迷恋权势的人，特别喜欢社会动荡，以求在动乱之中借机扩张大自己的权势。

人生自有其乐趣，并不需要一味地依靠物质，将财富看得过于重要，不停地追逐，即使财富到手，也会失去生活的乐趣，这是一件十分可悲的事！

无可否认，财富具有无可比拟的魅力，人们追求财富，是为了更好地生活；美色也同样具有无可企及的诱惑，人们追求它是为了满足自己的私欲。欲望蒙蔽了人们的双眼，倾其一生对其穷追不舍，不仅得不到生活的乐趣，反而会跌入欲望的深渊。

两个非常要好的朋友在林中散步，同时欣赏着夕阳西下的美景。这时，有个小和尚从林中惊慌失措地跑了出来，两人见状便拉住小和尚问："小和尚，出了什么事？为何如此惊慌？"

小和尚上气不接下气，忐忑不安地说："我正在林子那头移栽一棵小树，却忽然发现了一坛金子。"

两人听后哈哈大笑，说："挖出金子来有什么好怕的，你真是太好笑了。"接着，他们贪婪地问道："你是在哪里发现的？告诉我们吧，我们不怕。"

小和尚极力劝说："你们还是不要去了吧，那东西会吃人的！"

两人自觉好笑，异口同声地说："我们不怕，你告诉我们它在哪里吧。"

于是，小和尚只好告诉他们金子的具体地点，两个人飞快地跑进树林，果然找到了那坛金子。

其中一个人说："如果我们现在就把金子运回去就太过张扬了，还是等到天黑再运吧！这样，现在我留在这里看着，你回去拿点儿饭菜，我们在这里吃过饭，等半夜的时候再动手。"于是，另一个人照做了。

谁料想，留下来的这个人竟心生歹意，想：要是这些黄金都归我，该有多好！等他回来，我一棒子把他打死，这些黄金不就都归我了吗？

不料，回去的人也在想：我回去之后先吃饱饭，然后在他的饭里下些毒药。他死了，这些黄金不就都归我了吗？

过了没多久，回去的人提着饭菜来到树林，结果他刚进树林，就被他的朋友用棍子一棒子打死了。然后，那人得意扬扬地拾起饭菜吃了起来。吃着吃着，他的肚子就像火烧一样疼痛起来，这才知道自己中了毒，不免后悔万分。临死前，他才想起小和尚的话，自言自语道："和尚的话真对啊，我当初怎么就不明白呢？"

智者心语

淡泊，不仅是一朝一夕的停留，也是一生一世的明志。

本来是非常要好的朋友却因为一坛金子，就在瞬间心生歹意变成了仇人。直到临死，才如梦方醒，知道自己是财迷心窍，被贪婪的欲望蒙蔽了双眼。可见，钱财有时不但不能给人带来幸福，甚至还会夺人性命。一旦人被欲望蒙蔽了双眼，人心便彻底迷失了。

人们经常在富贵的诱惑中迷失自我，忘记了生活的本意，结果得到的财富越多，失去的幸福也越多。

在很久以前，人们还靠捕猎来维持生活，可是又没有很好的猎捕工具，因此生活极其艰苦，有个人苦思冥想琢磨出了一个捕捉火鸡的方法，他把箱子制作成一个有进无出的牢笼，一旦火鸡钻了进去，只要把进口堵上，火鸡就插翅难飞了。

第二天，他就来树林里验证这个方法。他抓来一把玉米，从箱子外面一路撒下去，一直撒到箱子里面，然后他在箱子盖上系了一根绳子，自己攥着绳子的一端，远远地躲在一边，等着火鸡的到来。不一会儿，一群火鸡果然看到了玉米粒，便沿着玉米的路线欢快地啄食起来。很快，领头的有 3 只火鸡钻进了箱子里，随后又接连钻进去 5 只，只有外面两只肥大的火鸡还没有钻进去。那人耐心地等着，心想一共有 10 只火鸡，如果这下都抓到了，一个礼拜都不用出来觅食了。

当这人正异想天开的时候，率先进去的一只火鸡已经吃饱了，并且大摇大摆地从里面钻了出来。这人一看着急了，懊悔刚才就应该拉下绳子，可他想外面还有两只呢，如果这两只都进去了，丢了那一只也就丢了，正想着，又有两只火鸡跑了出来，他还在犹豫着，又有两只跑了出来。

最后，这个人眼睁睁地看着那群火鸡心满意足地离去了，箱子里竟什么都没留下，包括他的玉米粒。

很多人都希望从越来越富足的物质中得到安逸快活的闲暇时光，但很多人却因此而偏离了最终的目的，最后，只是为了钱、权、欲望而去追求，就像那个发明了捕捉火鸡工具的人，他本来想活捉一只火鸡，但一见火鸡成群结队地接近自己的圈套，便心生贪欲，结果落了个赔了夫人又折兵。

贪欲犹如一只拦路虎，让许多人烦躁不安，不能静心，如果懂得满足，让自己远离贪欲这只拦路虎，就能给自己的心灵一片轻松，在宁静中自由地驰骋。

4.财富的意义

社会发展的步伐越来越快，知识也日新月异，人们的思想变化很大，于是有的时候前进的脚步跟不上思想的步伐了。不难发现，越来越多的人不满意自己的现状，越来越多的人把目标定位在追求财富上，一旦不能实现就觉得备受打击，恨不得为此去作奸犯科，只要能成为比尔·盖茨或巴菲特。

财富真的是我们所追求的终极目标吗？财富究竟是一个怎样的概念？如果人们能够从某种意义上来解释何谓财富的话，那么财富这种东西相对来说还是比较容易得到的。

我们不要再让自己生活在富有者的阴影中，别人的生活是别人的，你看到了他们外在的风光，却不知道他们为此付出了怎样的代价。当你能够这样想的时候，就会觉得如释重负，像得到了解放一样，感到非常轻松、非常愉快。

据说，在发现新大陆后，第一批欧洲人到达美洲并且试图同当地人做生意时，是非常艰难的，因为当时的欧洲人为当地印第安人提供的是他们所不认同的商品。比如，欧洲人的长靴、高级天鹅绒洋裙、带着孔雀翎毛的洋帽、高级雪茄烟等。但欧洲人必须要让印第安人接受这些文明东西，因为他们需要从印第安人手中得到动物的皮毛。

于是，欧洲人开始说服并影响印第安人，他们把玻璃球的作用夸张、美化，把酒之类的商品说得神乎其神。当印第安人的富者终于接受他们的商品并开始效仿英国文明时，欧洲人便得到了他们想得到的兽皮等物品。

到 17 世纪末，一个叫作约翰·巴尼斯特的英国殖民主义者说："欧洲人已经成功地使印第安人去喜欢那些他们原来根本就没有见过的欧洲商品，以及他们过去根本就不曾有过的这些商品，现在通过通商，他们就可以获得。而且，他们非常喜欢这些商品，已经到了根本就不能够离开它们的地步。"

由此看来，改变人类的财富观就是这么简单。其实，你真的对这些商品感兴趣吗？它们对你来说真的是不可或缺的吗？如果是，为什么在得到之前，你依然过得好好的？如果不是，那为什么还需要靠别人的劝说才能意识到你对它们的需要呢？

答案是，通过这种形式对某种东西表达出来的需求并非是真正的需求，而是出于一种虚荣心理。那么去掉虚荣心，这种可有可无的需求愿望自然就失去了存在的基础。

把心放宽，让自己与更加广博的世界连接，这样才有机会发现究竟什么才是你不可或缺的，而不会轻而易举地被金钱诱惑，从而迷失了人生方向。

当鲁滨逊漂流到一个孤岛上时，他身上所有的财物只有一支笔和一张纸。然而他觉得这已经很富有了，他在纸上画了两张表，将于自身不利的情况写了下来：我一个人在一个孤岛上，根本就不用指望有谁会来救我；我没有衣服穿，连护身遮羞的东西都没有等。然后，他

智者心语

人生的精彩程度，并不以财富的多寡来判断，因为精神的匮乏，更易让人崩溃。

在另一张表上写下对自己有利的情况：我还活着，没有被淹死，而其他的同伴都已经葬身鱼腹了；这是一个热带地区的孤岛，根本就用不着穿衣服，即便有衣服也未必会穿，如此等等。

然后，他将有利条件和不利条件加以比较之后，作出一个决定，把那些不利的且又无法改变的情况从头脑中划掉，集中考虑那些对自己在孤岛生存的有利的条件和情况。于是，他得出一个惊人的结论："从现在起，我即使只身在孤岛的情况下，仍然能够觉得自己生活得很幸福、很富有；如果不是在这样一个热带孤岛上，而是在别的什么地方的孤岛上，也许我就不会像现在这样幸运了。"

鲁滨逊身无分文，孤身一人流落到荒岛上，这样的人居然觉得自己很富有、很幸福。看来，人们要想生活得幸福愉快，就要正视自己的现实处境，然后发现自己切实所需是什么。

你只要明白，钱财不是你追求的终极目标，那么你就有希望过上幸福的生活。那些为了钱财而不顾身体健康、不顾天伦之乐的人，就算拥有再多的钱财，也注定不是富有的人。是否富有不是取决于外界情况。有的人穷得像鲁滨逊一样，身体不健康、身无分文，甚至孤苦伶仃地生活，但只要他们活得开心、自在，他们就是富有的。

第九章　承受失败，自由坦荡
——淡泊人生张弛有度

> 长风破浪会有时，直挂云帆济沧海。人生就像一场旅行，有风雨、有坦途，过程艰辛却也乐趣无穷。很多人都希望可以在人生的旅程中守住一份安逸，然而，安逸有时会成为一种惰性，"居安思危"的道理是对追求安逸者最大的启迪。

1.淡然从容，宽广一生

《庄子·养生主》云："安时而处顺，哀乐不能入也。"大意是，安于常分，顺其自然，满足于现状。我们不得不说，古人的智慧真是高深莫测，是一些浮躁功利的现代人所不能比拟的。

曾有一位当代知名书法家为一位名人题字，名人表示自己钟爱"室雅人和"，但最终书法家题了另外4个字：随遇而安。也许书法家考虑名人年龄和阅历，才题了这4个字。其实，随遇而安讲的就是"安时处顺"的奥妙。

安时，说的就是按时辰、时间的顺序行事，该做什么就做什么、该什么时候做就什么时候做，不特立独行，不独占鳌头。往深了讲，则带有一定的禅机，即这个时刻能做些什么就做些什么，不强求，因为做任何事情都要密切观察事态的发展，只有静下心来等待机缘，才能顺理成章地成就点儿事情。

处顺，即是一方面顺势发展，自得其乐。当时机还未到时，安守本分，不骄不躁，心淡如云。一旦时机成熟，则应当顺应时机抓住机会，应势而行。处顺要与安时配合起来，只有这样，一个人才会渐入佳境，即使修不成正果，也算锤炼了修养、修炼了意志、陶冶了情操。

早春时节，师父交给小和尚一些花种，让他将花种种在寺庙的院子里。小和尚便拿着花种往院子里走去，可是走得太急了，突然被门槛绊了一下，摔了一跤，顿时将手中的花种撒了满地，小和尚非常遗憾地看着师父，只听师父在屋中说道"随遇"。

小和尚想着还是把花种扫起来吧，于是就去拿扫帚，突然天空中刮起了一阵大风，把撒在地上的花种吹得满院都是，师父这个时候又说了一句"随缘"。

小和尚一看，这可怎么行？花种都被吹跑了，就越发急忙地去扫院子里的花种，这时天上下起了飘泼大雨，小和尚只得跑回屋内，哭着向师父道歉，然而师父只微笑着说了句"随安"。

很快，冬去春来，一天清晨，小和尚突然发现院子里开满了各种各样的鲜花，他蹦蹦跳跳地跑去将这个喜讯告诉师父，师父这时说道"随喜"。

一次种花事件，老师父却道出了整个人生的缩影：随遇、随缘、随安、随喜，就是说当我们遇到不同事情、不同的情况时，都要以一份"随遇而安"的心态去面对。

曾有一位古稀老人看透世事沧桑，总结了这样一句话：活到 50 岁，好看难看一个样；活到 60 岁，有权无权一个样；活到 70 岁，钱多钱少一个样。即使是同一个人，对自己、对社会的看法也会随着时间的推移而发生不小的变化。其实，人生的过程就是这么简单，不能复制，也不能随意改变。

庄子大概是最能看淡生死波折的，他在《逍遥游》中说：生命长短，两事物之间没有任何可比性。使命不同，生命的价值也不同，它们之间的称谓也就不同。那些朝生暮死的菌类以及不知春秋的寒蝉所过的也是一生，五百岁的灵龟与八千岁的椿树也是过这一生，只不过前者也许羡慕后者的寿长，却不知道后者也在羡慕前者的干净利落。前者永远不明白后者的苦恼，后者永远不明白前者的羡慕。

人的生命是有限的，而功名利禄却是无限的，用有限的生命追求无限的功名利禄，怎么能不窘困呢？到了最后，庄子所阐释给我们的还是对生命所获、所失的决绝，是对生与死的决绝。

我们要相信生活会有最好的给予，应了那句话："命里有时终须有，命里无时莫强求。"因为小时候的一次意外而失去一只脚的大师，为自己取的法号为"右大师"，他对自己的遭遇并不自卑难过，因此坦然地说："这就是老天给我的，我不怨别人。"接受上天的给予，无论好坏美丑，都应该感谢，不屈不挠，顺逆都自在。

2.失败乃成功之母

　　挫折能带给我们什么？悲观、沮丧、丧失自信、失去正常的判断力。也许这是大多数人的看法，于是很多人害怕挫折，想尽一切办法逃避困难。但其实你逃避的不是困难和挫折，而是一次成长的机会。

　　当你能够学会珍惜挫折而不是逃避的时候，你的心胸将会更加宽广。一个人在看不到希望时，仍能够保持乐观，仍能保持自己的理智，这是十分不容易的。这时的挫折不但不会消磨我们的意志，反而能够助我们穿越绝境，转败为胜，获得人性的豁达。

　　约翰从小立志当医生，因此在他20岁的时候，他如愿以偿地考入了医学院。刚一入学，他就被医学院严谨的学习气氛迷住了。可是，好景不长，基础知识学完了，他们进入了解剖学和化学的课程。这时，约翰每天都要面对着不同的尸体，这让他感到十分恶心。以后的日子里，他每天走进实验室都心惊胆战，唯恐又见到什么让人作呕的场面。

　　恐惧的心情一直折磨着约翰，直到有一天，他开始怀疑自己的选择，自己也许根本不适合医生这个行业。思量再三，约翰决定退学，然后选择一个更适合自己的职业。第二天，当他就把这个决定告诉教授时，教授只是说："再等等吧，你现在的决定并不能代表你的心声。等到你的决定忠于了你的心的时候，你再来找我。"

　　于是，日子就这样一天一天过去，约翰依然每天饱受着恐惧的煎熬。这样不知过了多久，他居然开始习惯了实验室里福尔马林的气味，熟悉了各种尸体的结构，渐渐地不再对实验室感觉恐惧了。4年后，约翰以优异的成绩毕业，同时还得到了一家大医院的录用，成了那里最年轻的医生。

多年后，在一次同学聚会中，教授笑着对约翰说："还记得吗？你当年想放弃。""是的，教授，您阻止了我。"教授说："那时候你太悲观，还不能了解自己的心，所以我让你冷静下来。约翰，要知道，人在遇到挫折、悲观失望的时候，千万别马上作决定，要给自己一点儿时间想一想，之后得到的答案也许就跟原来不同了。"

当你遭遇挫折的时候，千万不要在悲观的心态下作决定。智慧才是最有用的，它能帮助你作出正确的抉择，当有人引导你走向放弃的道路时，要静下心来，坚定自己的目标而不受外界影响。当你的心开始动摇的时候，要懂得宽慰自己，心淡者，淡对波折而不恼。放宽心，等一等，当那些消极的心境都过去之后，你才能作出正确的判断，从而走上成功的道路。

艰难困苦能磨炼人的坚强意志，这往往是我们成事的心理基础。人生在世，没有谁的道路是风平浪静的，你面对选择不同的心态，就有不一样的诠释。有的人选择逃避，选择破罐子破摔，这时挫折就成了他们的致命伤，而如果你选择放宽心态接受它、挑战它，挫折反而会为你的成功增添一臂之力。

将心放宽，看淡挫折和困难，任何时候都不要放弃希望，那么你终将抵达成功的彼岸。

在一片茫茫无垠的沙漠上，尘缘法师同几位弟子在那里负重跋涉。

炽烈的阳光烤得脚下的沙粒发烫，口渴如

焚的几位弟子已经很久没有水喝了。水是沙漠中的信心和力量源泉，一旦没有了水，后果可想而知。

大弟子实在忍不住了，问师父还有没有水，师父没有答话，只是从腰间拿出一个水壶说："还有满满一壶，但在成功穿越沙漠前，谁也不能喝。"

几位弟子欣喜若狂地凑过来摸着水壶，感觉水壶沉甸甸的，一种生命力在他们的脸上逐渐弥漫开来。

不知走了多久，终于，他们挣脱了死亡线，成功穿越了沙漠。当他们喜极而泣时，突然想起了那壶给了他们力量和信念的水。

这时，尘缘法师打开了壶盖，一壶细沙缓缓倒出，几位弟子震惊了。尘缘法师对众弟子们说："瞧，只要你想，干燥的沙子也可以成为清冽的山泉，只要你的心里驻扎着水一样的淡定和宽广。"

沙子是沙子，清泉是清泉，怎么能够混为一谈呢？其实，只要你想，就可以。无论生命处于何种境地，无论你遭遇了怎样的挫折和打击、承受着怎样的绝望，只要心中藏着一汪清泉，生命自会有一片诗意的栖息地。我们最宝贵的财富之一便是希望，所以罗素说："从感情上讲，未来比过去更重要，甚至比现在还重要。"珍惜小小的挫折，把眼下的挫折当成未来成功的信念，那么你就有勇气和力量穿越种种不幸。

我们不能控制命运，却可以掌握自己；我们无法预知未来，却可以把握现在；我们无法左右变化无常的天气，却可以调整自己的心情。淡定一点儿，从容一点儿，与挫折共舞，你的胸怀将会更宽广。

3.淡泊人生，自由飞翔

　　每个人的一生几乎时时刻刻都在受着安逸享乐的诱惑。每当夏季烈日炎炎酷暑难当之时，就会想起冬日的严寒，以及一家人围坐在火炉边的惬意和温情；然而到了冬日冰天雪地、天寒地冻的时候，又会想起夏日里畅快淋漓地冒着大汗吃着雪糕的凉爽与痛快。

　　古人有"生于忧患，死于安乐"的名言警句，后来又有"艰难困苦，玉汝于成"的鼓励。这些都在告诉我们，成功总是与艰苦相伴的，而与安逸享乐无缘。那些贪图享乐、害怕挫折困难的人，永远都无法走出平庸的泥沼。

　　安逸是通往成功的最大障碍，安逸的暖流会消磨人的意志，人一旦渴望并接受了安逸，就如同掉进了温柔的陷阱，再也出不来。逐渐地，便失去了努力的动力和奋斗的方向，成为"蛀虫"，坐吃山空，难以自持和自立。所谓的"富不过三代"，说的也是这个意思。

　　人的一生就好像是一次旷野中的旅程，必然要经受风雨无常，因此红尘世人都希望获得一份安逸的生活，然而这就很容易让我们忘记"居安思危"这个道理。有一首禅诗形容得好："四蛇同箧险复险，二鼠侵藤危更危；不把莲花栽净域，未知何劫是休时。"这来自一则小故事。

　　有一位行者在途中被一只猛虎追赶，可他身处荒郊野外，根本无处藏身，于是心急如焚，便拼命跑着，突然发现眼前出现了一口枯井，行者欣喜若狂，奔到井边，井边正好有一根藤，于是他便顺着藤往井下躲去。

谁知，当他快要到达井底时竟看见井底盘着 4 条毒蛇，吐着血红的芯子，昂头盯着他看。行者一看吓了一跳，只好攀着藤悬在半空，不敢再往下。正当他想松一口气时，却发现两只老鼠正在咬他的救命井藤。一旦藤被咬断，他将跌落井底，受粉身碎骨与毒蛇咬噬之苦。一想到此，行者便恐惧万分，急忙想解决办法。正当此时，一群蜜蜂从井口飞过，滴下几滴蜜来，恰巧竟落在行者嘴边，他一尝，甘甜丝丝入心田，一下子沉浸在甜蜜中，竟忘记了自己身处险境，最终跌入井底。

这几滴蜜也正是人世之安逸。人在安逸中常常忘记了自己的使命，甚至原来的自己；人在安逸中常常不能忍受挫折，心也容易受影响、受波动；在安逸中，自己的信心也很容易流失，甚至失去原本阳光的本性，所以，居安思危，安逸之时一定要守住自己的本心。

自古以来就有"从来贫贱多才俊，自古纨绔少伟男"的说法，这句话说明了环境对于一个人影响的深刻性。过于安逸的环境并不会让人得到锻炼和成长，相反只会让人失去斗志，没有奋斗的动力，待在原地不愿前行。成功的人往往都是那些经历过大灾大难或者贫苦生活打磨的人。

除了在物质上的安逸，还有思想上的安逸。如果一个人对自己目前的状态过于满足，就失去了任何想要进取的动力。这种安逸不仅从经济上危害人，更重要的是它会让人彻底失去前进的内在需求，让人整日"混日子"，没有任何进步可言。其实，每日认真努力工作也是一天，浑浑噩噩混过去也是一天，为何不让自己的人生变得激情充沛一些呢？

不祈求安逸，其实是使自己在为应对今后

智者心语

淡泊者，经得起风雨，感知得了幸福。这是成就未来的关键。

144

的波澜作准备。心宽者能够容得下安逸，更能经得起波折，只有从容淡定地对待这一切才能度过一个波澜壮阔的人生。要知道，一开始就选择享受的人和一开始就执着奔波、千锤百炼的人，最后的结局往往是后者成了珍品，前者成了废料。

4.在失望中寻找希望

有一位农夫，家境十分贫困，和妻儿老小住在一间土坯房中，每天早出晚归、辛勤劳作，勉强糊口。春去秋来，土坯房在风沙的常年侵蚀下，开始渐渐松动，直到有一天，在一面墙上竟然开裂了一道缝隙。

眼看春天风沙渐大，而通过墙上的缝隙，每天都有很多沙土吹进土坯房中，而拮据的农夫却无力修复，他抱歉地对家人说："让大家跟着我受苦了，房子如此简陋，还裂了缝隙，我却没有能力修复。我真是没用啊！"没想到农夫的妻子毫不在意地说："你没有发现吗？自从裂了这道缝隙，我们家每天都可以第一时间欣赏到早晨的朝阳！这不是一件很美妙的事吗?!"

现实生活中，也有许多这样的"缝隙"，只是看你用怎样的目光和心境去看待。上帝是仁慈的，他的仁慈就在于从不创造完美的生命，当我们为身上的"裂缝"而抱怨时，却往往忘记了要换一个角度去看看它带给我们的好处，忘记了去感激它给我们的人生增添的亮色。

有一句话说得好"万物皆有裂痕，那是光进来的地方"。每个人都曾遭遇过不幸，有的人婚姻失败，有的人罹患疾病，有的人遭遇破产，有的人痛失亲人……这些可以看作是人生的波折，但也可以看作是人生的转折。你有没有想过，婚姻破裂是因为不适合，如果两个人在一起是一种痛苦，那么分开就是一种解脱，此后又是一个新的开始，谁又能保证你不会再遇到对的那一半呢。

看来，有裂痕是一种必然，但能不能把裂痕当成宝贝一样来对待，就看你有没有这样的胸襟和境界了。

最近，年轻人迈克的生活出现了问题，他面临一个两难的境地。一方面，他非常喜欢自己的工作，同时工作也带给他丰厚的薪水，但问题出在另一方面，他十分厌恶自己的顶头上司，尤其最近两年，他已经与上司闹到了不可调和的地步。

迈克再也无法忍受了，认为离开这个是非之地是最好的解决办法，于是他打算去猎头公司重新谋求一个高级主管的职位。果然，经过咨询后，他发现以他的条件找一个相当的职位并不难。

回到家中，迈克把这一切告诉了妻子。妻子是一个中学教师，不懂职场中的事，但她明白换位思考的道理。那天，她刚刚教学生学会了如何重新界定问题，就是当你无法解决眼前的问题时，可以换个角度思考，把问题倒过来看，这样就会有一个全新的思路了，于是，她把上课的内容讲给了迈克听，这给了迈克一个极大的启示，一个大胆的想法在他脑中浮现。

第二天，迈克又来到猎头公司，这次他不是为自己谋求工作，而是给他的顶头上司找工作。不久，迈克的上司接到了猎头公司打来的电话，请他去别的公司高就。上司完全不知道

智者心语

陷入绝境，能救自己的办法不是哀号而是勇往直前、重振雄风的决心和毅力以及波澜不惊的心态。

这是他下属的功劳，再加上他本来就厌倦了现在的工作，就丝毫没有犹豫地接受了新工作。

迈克的顶头上司跳了槽，他的职位就空缺了，迈克认真地做了一个报告，申请了这个职位，于是便轻而易举地得到了这个位置。

在这个故事中，迈克本意是想躲避自己的问题，才打算为自己找个新工作的。但他的太太一语惊醒梦中人，教他学会了换个角度思考去看待问题，于是他换了一种方法来解决问题——他替他的上司找了一份新的工作，结果，他一石三鸟，摆脱了厌恶的上司，做着自己喜欢的工作，还意外地得到了升迁。

人生的道路哪有一帆风顺的，每一次波折、每一道坎坷，都是上帝赠予你的令你意想不到的礼物。当你专注于它的丑陋之处而黯然神伤时，却忽略了它令人欢喜的一面。试着换个角度去看待，就有机会发现上帝将其赠予你的深意。

"天将降大任于斯人也，必先苦其心志，劳其筋骨，饿其体肤。"从另一个角度看，那些所谓的痛苦和不顺其实都是我们应该珍惜并感激的，而我们要做的是去接受它们，如果连接受都做不到，只一味地逃避、埋怨，那么怎么会有机会换一个角度窥见它们的美丽本质呢？

幸福的人生都是靠我们自己的双手创造的，换一个角度看待裂痕是在自行调整心态，而勇敢迎接挑战和挫折才是我们的武器，是我们送给自己的最好的礼物。

5.坦然接受，终见花开

失败是成功之母。如果你觉得这是老生常谈的话就大错特错了。单单细数那些获得巨大成功的伟人，哪一个不是先经历了无数次的失败才获得成功的？大发明家爱迪生在试验了近上千种的材质后才发明了电灯，从而照亮了人类的文明之路；居里夫人——这位科学界的奇人也是在经历过无数次的失败后才成功提取出了镭……

伟人尚且如此，更不用说我们这些平庸的凡人了。这不是要打击我们的自信心，而是要让自己学会悦纳失败。失败并不可怕，没有失败过的人生反而会让人觉得枯燥乏味。如果一个人从出生伊始就一直一帆风顺，那样的人生也是凄凉的。

如果把人生看作一首乐章的话，失败就是其中不可或缺的音符。有了失败的或跳跃或沉闷的音符，人生的乐章才有了节奏，才完整，才动听。

嘉华是一家连锁饼店，如今生意如火如荼，老板约瑟已经开始着手向周边城市扩展、增加店面数量了。

人人都以为约瑟是个幸运儿，于烘焙业刚刚在中国起步的时候抓住了商机，这才成就了今天的嘉华。可很少有人知道，嘉华在刚起步时就不止一次地摔过跟头，这么多年，它遭遇了多少次挫折和失败，才摸爬滚打着发展起来。

嘉华刚开始开办第一家饼店时，生意十分惨淡，因为那时的老百姓还都不认同这种外国的糕点。约瑟心高气傲，决心要"教育"消费者接受西方的饮食习惯，引进高端的烘焙西点，希望在北京能够刮起西式烘焙风。

然而，老百姓们却不领情，试想，在 20 世纪 90 年代的时候，普普通通的百姓家庭，谁舍得花十几元钱去买一块小甜品呢，约瑟栽在了自己对于市场的盲目乐观上，一投产就遭受了打击。

约瑟这时才开始明白自己的失误之处，他总结自己的失败原因，开始耐心细致地培养自己的忠实客户群体。两年以后，嘉华在北京立足，并开始陆续建立分店。

但是到了 2006 年，在建立了 30 家分店时，嘉华的业务开始停滞不前。恰在这时，外资高端烘焙品牌进驻北京，立刻在烘焙行业掀起了一阵不小的购买风潮，无形中，嘉华的生意又一次遭到严峻的挑战。

约瑟心里着了急，如果不创新，嘉华就会被后起之秀打垮。深思熟虑后，约瑟开始走复合式营销之路，比如在店内增设水吧和休闲区等。

自从店面升级之后，嘉华一直保持创新，发展势头一片大好。约瑟说："失败往往为成功开辟前路。如果不是在企业发展初期的两次大跟头，嘉华不可能走到今时今日。"

如果没有经历过那两次失败，约瑟就不会对成功有如此深刻的见地。人的一生本就不可能一直一帆风顺，约瑟经历了失败，坚持过了失败，才更加成熟和有担当。

我们每一个人也是如此，不管是在写字楼的小隔间里朝九晚五，还是在城市的水泥骨架上添砖加瓦，我们都是这个时代的创造者，是有血有肉、活生生的人，那么我们就都有可能遭遇失败。也许这次的项目没有谈成，遭到老

智者心语

成功的背后是无数次的失败，接受得了失败，才能赢得起成功。

板的训斥；也许哪份设计图出了差错，差点儿酿成重大工程事故，贻误工期；也许你的工作能力遭到了客户的质疑，以至于差点儿被老板炒了鱿鱼。失败林林总总，却正是这些失败为我们的人生增添了光彩。当我们暮年之时，回头看看逝去的岁月，这些大大小小的失败与成功一样，都会让我们铭记，让我们在想起来时都有深深的感喟，多么值得纪念！

所以，不妨站在自己世界的入口对失败说一声："欢迎光临！"它们是我们人生的贵客，无论以什么样的方式，都使得我们的人生更加跌宕起伏、令人回味。

遭遇失败必然会有痛苦，这时候就需要我们有坚定的信念，什么风风雨雨，咬咬牙都会过去，不需要怨天尤人。当我们挺过最困难的时期，回头看时会发现那是人生中一段十分重要的记忆。在那段路上，我们锻炼了自己的勇气和坚韧不拔的精神。如果没有那一段失败的经历，就不会有后来精彩的自己。挫折期也是成功的孕育期。咬住牙挺过最痛苦的时候，成功就会应声敲门。

失败有可能是绊脚石，阻拦我们迈向成功；而失败也可能是垫脚石，将失败垫在脚下，让它为自己的能力加分，变"废"为"宝"，是人生路上聪明的活法。

第十章　虚怀若谷，沉稳前行
——淡泊人生不卑不亢

　　何为成败？有时得便是成，失便是败；有时却是恰恰相反。你是否曾经为成功而感到骄傲，为失败而感到懊恼呢？那么请一定要记住，人生没有定数，当你正经历成功时，就要预见未来可能出现的失败；当你面临失败时，同样要思虑未来成功之时。

1.虚怀若谷，清心寡欲

　　很久以前，一个国王虽然坐拥天下城池，却并不觉得自己快乐，于是他要寻找世上最快乐的人。有人给他出主意，说有钱的商人是最快乐的，国王便找到最富有的商人问他："你是最快乐的人吗？"商人摇摇头，甚至十分愤恨地回答："我一点儿都不快乐。商场变化无穷，我随时都有可能变成穷光蛋，所以根本没时间和心情快乐。"

　　之后，有人说有权的人快乐，于是国王招来最有权力的大臣问："你是最快乐的人吗？"大臣大惊失色，说道："微臣不敢，微臣官位小，稍有不慎，就有被罢官的可能。所以微臣每日尽忠职守，为陛下分忧，为百姓效力，根本没有时间去想快乐的事。"

就这样，国王问来问去，最后问到了乞丐那里。只见乞丐虽衣衫褴褛，却一脸笑意，兴奋地回答："你算问对人了，我的确是最快乐的人，因为我不用考虑要挣多少钱，要吃多美味的食物，要穿多鲜艳的衣服，我浪迹天涯，有口饭吃就足矣。所以，我觉得自己非常快乐。"

一个乞丐的快乐竟远远超出了富商和官员，按照常理来说，这个结果是无法让人信服的，但事实的确如此。让我们快乐的不是身份和地位，而是一个人的欲望。一个最富有的商人之所以觉得自己不快乐，就是因为他有更高、更难实现的目标和愿望，他想要挣更多的钱，想要做更大的生意，想要保持永远成功。他知道，只要自己稍稍懈怠，就会有变成穷光蛋的可能。一个有权的官员之所以觉得自己不快乐，是因为他对权力有着极大的欲望和恐惧，他虽然心底向往追求最高权力，却又不得不向最高权力妥协，因此他也不是快乐的。

欲望是人性最普遍的弱点。虽然人人懂得这个道理，但每每看到名车、珠宝和华丽的衣服时又都会怦然心动。欲望再大些，我们就不只是想要看看这么简单了，必须要拿到手里、戴在身上才能满足我们的欲望。到了那时，快乐将更难登门造访了。

智者心语

当你无欲无求时，很多期待已久的东西却悄然而至，人生的奇妙之处也就在于此。

当然，一个人希望得到别人的尊重，希望满足自己的虚荣心，这本身是人之常情，也可以说，这是我们每一个人始终不懈努力的人生动力。但不要因为这些外在的得失就把自己逼向绝境，要知道我们每个人都不是为别人而生存的，事实上，这世上除了我们自己，没有人会在意我们的人生。所以，没必要在别人的目光里辛苦地活着，委屈了自己。

李国强是个普通市民，也是一个名副其实的股民。入股市几年来，随着大盘的爆发，李国强所买的股票市值翻了几倍。看到自己赚了不少，李国强每天都心情舒畅。有一年，大盘站在了6000点的高度，身边许多朋友都劝李国强将股票抛出，见好就收，但他不听，一定要乘胜追击，结果不但没有抛出，还把自己的存款全都投入股市中去了。

不料，还未到年底，大盘下跌，朋友劝他马上减仓，但李国强还是不甘心，认为大盘还会掉头冲到8000点。结果，不懂得适可而止的李国强，眼睁睁看着自己手中的股票市值一点点往下跌，李国强被深深套在股市里，万分后悔当初没有听朋友的话。现在的李国强破了产，连辛苦上班挣来的钱都没了，但凡有人谈论股票，他就会皱着眉头悄悄躲开。

大千世界，有万种诱惑，就有万种欲望，需要你淡然对待，否则你将很难轻松快乐。只有不过分苛求自己的人才能活得快乐。不能成为第一，就坦然充当第二；不能拥有伟大，就甘愿静守平庸。用轻松的人生规则主宰自己的快乐又有何不可呢？金钱、权力、输赢能比得上一生的快乐吗？任何事情都会"过犹不及"，懂得八分哲学的人才能拥有更多的快乐，懂得适可而止的人才是生活的智者。

不如把一切欲望看淡一点儿，对待输赢成败心宽一点儿。凡事适可而止，才能把握好自己的人生方向。这就是要我们选择在最为合适、最为有利的时机立即停止所做的事情，以达到最佳的效果。不管是工作还是生活，都要掌握适度的原则，注意分寸和火候，做到"胸中有数"，才能成为生活的高手。

2.坦然地输，才能精彩地赢

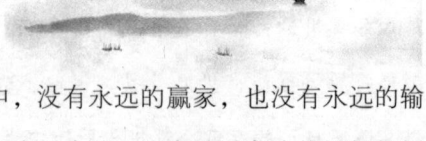

人生就是一场博弈，在这场博弈中，没有永远的赢家，也没有永远的输家。失败是生命中永不可或缺的乐符，有了失败，生命的乐章才能够抑扬顿挫，才能够丰满和华美。输得起是一种勇敢，赢得起靠的则是一种信念。

生活就如行船，有顺风顺水的时候，自然也有逆风大浪的时候。这就要看掌舵的船夫是否高明。高明的船夫会巧妙地利用逆风，将逆风作为行船的动力。如果你能始终以一种积极的心态去应时所有可能遇到的"逆风大浪"，并对其加以合理的利用，将被动转化为主动，那么，你就是人生征途上高明的舵手。

在争取成功的道路上也是如此，你越是害怕失败，失败越是跟着你不放。如果你对成败抱有一颗平常心，能够看淡成败，那么你或许就会笑到最后。

麦克在 17 岁的时候，他的全部家当只有 300 美元，就是在这个基础上，他开始了自己的创业之路，也正是凭着这 300 美元，他赚到了人生中的第一桶金。那年，他把所有钱都投在了股票上，为此赚取了 168000 美元。

不过，这只是一个小小的开始，没多久，他所购买的股票因为战争的结束而暴跌，一转眼，麦克只剩下了 40000 美元。麦克并没有因此而灰心丧气、丧失斗志，他想，就算是现在也比当初买股票时的本钱要多得多。所以他坚持了下来。

很快，麦克发现未列入证券交易所买卖的某些股票实际上是有利可图的。这些股票利润虽然不大，但风险极小，如果能将精力放在这些股票上，说不定就能成功。果然，不到一年的时间，他就开设了自己的证券公司。

仅仅 6 年时间，麦克就成了鼎鼎有名的大经纪人，每月收益达 56 万美元，而那年他只有 27 岁。可是没过多久，经济危机迅速席卷了美国，这对金融市场的打击是空前的，麦克的证券公司无疑也陷入了危机。今后该何去何从呢？

麦克把目标放在了实业丰富的加拿大。3 年后，麦克在多伦多开设了证券公司，并成为当地首屈一指的大经纪商。一个月后，他与加拿大一家公司联袂开设了一家黄金公司，以每股 20 美分的廉价取得该公司 59.8 万股的上市股票。

此后，股价扶摇直上，3 个月后，每股由 20 美分涨至 25 美元。麦克并没有因此头脑膨胀，而是冷静地分析了形势，他见股价涨得过热，料定会出现大的滑坡，于是他悄悄将股票卖出。果然不出所料，一个月后股价大跌，而他从中获利 130 万美元。

从那以后，他的事业如日中天，凭借着他对股票生意的天赋，赢得了人生。

从一个只有 300 美元的普通人到成为拥有亿万资产的富翁，麦克正是因为懂得了只有输得起才赢得彻底的道理，最终取得了如此成就。有的人认为认输很难做到，其实，认输之所以难做到，是因为它看起来就是承认失败。在我们所受到的教育里，强者是不认输的。所以，我们常被一些激昂的词语所激励，以不屈不挠、坚定不移的精神和意志坚持到底，永不言败。

有机遇就有风险。抓住机遇后，风险也时时存在，所以我们要时时刻刻谨慎小心，从踏入追求成功旅程的那一刻起就要做好准备，随时应对突如其来的状况，并一一加以克服。输了并不可怕，可怕的是输了之后不敢从头再来。失败后是选择从头再来还是放弃，决定着两种

智者心语

认输，也是一种气节，一种真正放下，重新开始的气度。

155

截然不同的未来，不要习惯于为自己找太多的借口，一旦你选择"放弃"，这时，失败往往也选择了你。

美国《生活》周刊评出的 20 世纪 100 位最有影响力的人物，托马斯·阿尔沃·爱迪生名列第一。

爱迪生出身低微，学历就更不用说了，一生只读过 3 个月书，老师甚至当着他母亲的面说他是个傻瓜，断言他将来不会有什么出息。辍学之后的爱迪生在母亲的指导下开始阅读书籍，还在家中建立了一个小实验室。后来，爱迪生外出打工当报童，在来回乘坐的火车上设立了小实验室，结果差点儿引起火灾。暴怒的行李员打了他几记耳光，爱迪生因此失去了听觉。

这样的遭遇并没能让爱迪生放弃科学实验，他以坚韧不拔的毅力、罕有的热情和精力从千万次的失败中站了起来，克服了数不清的困难，成了发明家和企业家。

爱迪生的成功从某种意义上说源于他对输赢成败的淡然心态。在研制电灯时，记者对他说："如果你真能造出电灯来取代煤气灯，那你一定会赚大钱。"爱迪生回答说："一个人如果仅仅为积攒金钱而工作，他就很难得到一点儿别的东西，甚至连金钱也得不到！"他一直被称作现代电影之父，可他说："对于电影的发展，我只是在技术上出了点儿力，其他的都是别人的功劳。"

1914 年 12 月的一个夜晚，一场大火烧毁了爱迪生的研制工厂，他因此损失了价值近百万美元的财产。爱迪生安慰妻子说："不要紧，别看我已 67 岁了，可我并不老。从明天早晨起，一切都将重新开始，我相信没有一个人会老得不能重新开始工作的。灾祸也能给人带来价值，你瞧，我们所有的错误都被烧掉了，现在我们又可以一切重新开始了。"

第二天，爱迪生不但开始动工建造新车间，而且还开始研制一种新的灯——探照灯，由此帮助了那些在黑暗的环境下作业的人们。而这场灾难对爱迪生来说就像是成功道路上一段小小的插曲。

人活在世上不可能一帆风顺，每个人成功的故事背后都写满了辛酸和失败。敢于坦然地承认失败，并以正确的态度面对失败，不退缩、不消沉、不迷惑、不脆弱，才能有成功的希望。因此，只有善待失败，看淡成败，才能赢得真正的成功。正如那首歌唱道：心若在，梦就在，天地之间还有真爱；看成败，人生豪迈，只不过是从头再来……

3.经历过，就很美好

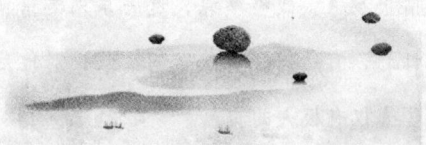

虽然失败是一种令人痛苦的经历，有时甚至是一些让人生受到重创的体验。但这种体验几乎会体现在每个人身上，无论你是什么人，不管有多么伟大，有多么不同凡响，在人生之路上都要或多或少地经历失败。失败是正常的，重要的是面对失败的态度。如果把成败看得太重，就会只注重结果，为此会因失败而遭受打击，一路消沉。

其实，钓胜于鱼，过程比结果更重要。看淡成败，并不是让你不再争取成功，而是要让你比起结果来更看重争取成功的过程。在通往成功的道路上，更重要的是不断地探索发现、总结失败的经验。只有这样，才能体会到争取成功的乐趣。这样一来，即使失败，也不会丧失重新站起来的勇气。

在战国时期的日本，武田信玄是当时赫赫有名的武将，他在积聚了很大实力后，决定西征，讨伐西部的织田信长。

在这个节骨眼上，德川家康也蠢蠢欲动。1572年，武田信玄率领数万大军向西争霸，途经德川家康的居城滨松，居然旁若无人地在城下列队而过。

德川家康那时30岁出头，年少气盛，他认为这是一种侮辱和挑衅，于是立刻率军尾随，谁知却中了武田信玄的计，在三方原几乎全军覆灭，德川家康只身逃回居城滨松，回来时衣衫褴褛，还尿湿了裤脚，十分狼狈。

出人意料的是，德川家康并不避讳失败，马上差人请画师过来，要求把他的丑态画在纸上。从此，德川家康终生把此画挂在自己的座位旁边来提醒自己。

大败之后，德川家康深刻地汲取了失败的教训，从中体会到有勇无谋的危险。从此，他积极地充实军备，改良战术，精心培养智囊团，如政治参谋、情报参谋、战略参谋，这一系列举措使德川家康兵团形成一个布局沉稳，有计划、有组织、有效率的团队，对他后来打败群雄、扫除反对势力、掌握全国大权有极大的贡献。

他并不把武田信玄当作敌人，而是当成老师，并潜心研究武田信玄的兵法和战术。武田信玄死后，德川家康以武田胜赖为目标，利用学到的武田信玄的战法进攻骏河，并且轻易地攻陷武田胜赖在东三河的据点长筱城。这次，他轻易地攻陷长筱城，从此一跃成为少有对手的军事战略专家。

后来，当德川家康成为雄霸一方的将军后，仍然将那幅耻辱的画像挂在身旁。有人劝他将其拿下，他却说这是他发愤图强的最好见证。对他来说，那次的耻辱不重要，现在的成功也不重要，最重要的应该是他努力拼搏的过程。

智者心语

快节奏的生活让我们注重结果，却忘了美丽的过程也是一种收获。

失败本身并不是坏事，德川家康能够看淡

成败，所以才能积极地从失败中学到宝贵的经验，为以后人生的成功奠定了一定的基础。

其实，每个人都难免会遭遇失败，失败也并不可怕，但如果你失败了却毫无意识，甚至还自以为胜，置身于人生陷阱中而不知，这才是一种真正的悲哀。因此，在面对可能出现的败局时，我们不能将自己定格在这个结局上，放之任之，因为这种败局只是一种可能，没有必然性。最为精彩的是为梦想奋斗的过程，而能够让我们获得荣誉的最关键因素，就是内心的淡定宽广。

汤姆·莫纳根最初和哥哥在一所大学附近开了一家小小的比萨饼店，取名为达美乐。可是没过多长时间，生意就越来越糟，在情况最恶劣的时候，哥哥把自己的股份卖给了汤姆。这对于年轻的汤姆来说是一个沉重的打击，但他一直保持着乐观的心态。当时很多人都劝他放弃算了，可他却说不管成功也好失败也好，他都要奋力一搏，最终就算失败了，他也愿意从跌倒中汲取教训。

汤姆真的挺过了最艰难的时期。后来，为了扩大生意，他和一位提供免费家庭送餐服务的人合作，对方提出只支付 500 美元的投资，却可以取得平等的合伙人资格。汤姆接受了这一不合理要求，然而，当合作方案正式施行之后，却仍看不到合伙人的 500 美元。

大约两年后，汤姆破产了，还要承担 75 万美元的债务。这次跌倒让他尝尽了辛酸，但他依然没有心灰意冷，还是决定从头再来。这份信念使他在第二年就偿还了所有的债务，并赚了 5 万美元。但是，灾难远远没有结束，他的饼店被一场大火烧毁了，损失了 15 万美元，保险公司却只赔付给他 13 万美元，他几乎又面临破产。

这是他在生意场上的第三次跌倒，他仍然没有放弃，3 年后，他再一次重新来过，这次他拥有了 12 家比萨店，并且还有十几家在建设中。但是由于规模扩张过快，出现了资金短缺，使整个达美乐陷入了财政危机。

这是汤姆在生意场上的第四次跌倒。10个月后，汤姆重新接管了达美乐，他请求债权人和银行给他一段时间，让他将生意恢复起来。大多数人都同意了，但是他的专营店授权商们以反托拉斯的诉状将达美乐告上了法庭，汤姆忍不住哭了。这是汤姆经营达美乐以来的又一次跌倒。

尽管如此，汤姆还是没有放弃，在接下来的9年里，他缓慢地恢复自己的生意，经过努力，他不仅偿还了所有的债务，还使达美乐生存了下来，接着，他还使达美乐成为世界上最大的送货上门的商业机构，由此，汤姆成为美国最富有的企业家之一。

汤姆经历了一次又一次的跌倒，但他始终都没有退缩，每一次都勇敢地站起来，最终达到了事业的顶峰。汤姆之所以能够在无数次的重击之下挺过来，就是因为他能正确看待成败，支撑他信念的东西不是今后的成功，而是获取成功过程中的酸甜苦辣。

有这样一句话："成功不是终点，失败也不是终结。"过程比结果更重要，只要你能看透这一点，就能放宽心，无论大起还是大落，都能包容接纳，只为那过程中的一抹苦乐酸甜。

4.看淡世事，方得始终

人生在世，一些人仿佛在进行一场争斗，跟这个世界、跟自己。有些人因为争不过世界就为难苛求自己，到底还是输了。想想好不容易来世上走一遭，究竟是要争过世界而输了自己，还是要争过自己输掉世界呢？

其实你大可以看淡这场竞争，不去计较输赢，那么，你既能争过世界，又能赢了自己。这其中的关键，就是一个"宽"字。生活中，我们常见一些"洁癖"，他们在生活中讲究良好的卫生习惯，只是有些讲究过了头。比如每天下班回家都要把里里外外的衣服换下来，还要放在消毒液中浸泡清洗；在办公场所也不消停，如担心放在办公室的杯子会成为传染源，于是就频繁更换杯子；每天清洗私家车内外，即使只有自己或家人乘坐，也要用消毒液擦个遍……这些洁癖者对肮脏和身体接触几乎到了不能容忍的地步。

结果，医学专家认为，过分的消毒卫生措施是没有必要的，这样不仅起不到预期的效果，还会给人们在时间、精力上带来很大负担。最终，洁癖者的行为不但让他们自己累，也让身边的人很累。

这就是典型的看不开，连一点儿污浊都无法容忍的人，怎么能容得下整个世界？这样的人活得太累，对自己要求太苛刻，最终会因为放不下而输掉一切。

一个星期六的晚上，餐桌上觥筹交错——父亲的朋友来晴晴家聚会。这一次聚会出现了很多生疏的面孔。晴晴喜欢这种场面，甚至有些渴望，因为她希望有更多的可以让自己"芳名远扬"的机会。

餐桌上，父亲和朋友们谈兴正浓，晴晴知道快轮到她上场了。果然，父亲突然自豪地对众人说："我这个女儿，可了不起了。"说完就转头对晴晴说，"快去把你的证书拿来给叔叔们瞧瞧。"和以前一样，晴晴高兴地跑回书房，拿起那一摞"整装待命"的证书。

父亲接过去，一一打开并对众人解说。这时候，晴晴就像明星被隆重推出一样，受到了

智者心语

成败、输赢乃人生常态，看淡些，常态人生会有不一样的精彩。

161

热烈的欢迎。叔叔们都啧啧称赞，有的对她报以赞赏的笑容，有的竖起大拇指说："真棒！这孩子真不错！""这孩子这么聪明，像她父亲。""比我家那孩子强多了！"那些赞美之词化为一阵阵波涛，把她推向了虚荣的顶峰。

"这是以前得的吧？"一位正拿着晴晴的证书翻看的叔叔说道，他的声音很平静。

"是的。"晴晴回答，准备好了听他的夸赞。

"那现在的呢？"他的声音仍很平静。

"现在的？"晴晴一愣，不解地望着他。他一身黑色的西服，身体瘦弱，戴着一副金丝边眼镜，坐在一个角落，实在很不起眼儿。

"没有。"晴晴小声地回答道。

"小姑娘，过去的都已经过去了，把握现在才是最重要的。"他感慨地说。

晴晴听了之后，惭愧地低下了头。

人活在这个世上，有值得骄傲的一面，也有落魄的一面，当值得骄傲的一面被自己过度张扬时，就会被落魄的一面抓住辫子，而你的一生也许就毁于此。

究竟怎样才算成功、怎样才算赢？这不是上帝说了算，也不是别人说了算，而是靠你自己说了算。当我们的欲望太多时，就会变得欲壑难填，从而失去了心灵的自由和快乐。到了最后，我们也会因此沦为欲望的奴隶，把自己折磨得心力交瘁却得不到任何有价值的东西。

一个男孩住在山脚下的一幢大房子里。他喜欢所有时尚的东西：跑车、音乐、游泳、踢球，而他的父亲也的确能给他提供这些条件。总之，在很多人眼里，他们都认为男孩是幸运的。但男孩却不这样想，他从小争强好胜，什么都要争最好的，因此他给自己树立了一个很高的目标，希望长大后能实现。

有一天，上帝听到了他的渴求，于是来见他。男孩见了上帝便对他说："我知道自己今后想要什么样的生活了。"

上帝问："你要怎样的生活？"

男孩回答："将来我的房子要像城堡一样，门前有两尊雕像，里面还有后花园；我的妻子要身材高挑、美丽端庄，她有着一头黑黑的长发、一双蓝色的眼睛，会弹吉他，会唱动听的歌谣；我们还要生 3 个健康的男孩，并同他们一起游泳、踢球，而且他们前途无量，分别成了科学家、参议员和橄榄球的四分卫；我不但要有许多财富还要成为冒险家，到时我会开着红色法拉利周游世界，并救助途中的受难者。"

上帝听后笑了笑，说："真是一些美妙的梦想，希望它们最后都能够实现。"

一晃 20 年过去了，男孩成了男人，学了商业经营管理，专门经营医疗设备。再后来，他娶了一位美丽的女孩，有一头黑黑的长发，但是个子却不高、眼睛不蓝，而且不会弹吉他、不会唱歌。但是，她却做得一手好菜，画得一手好画。

男人因为工作的原因住在了市中心的高楼大厦。虽然门前没有雕像，但是可以看见深蓝色的夜空和闪烁的霓虹灯。

他没有儿子，却有 3 个美丽的女儿，她们都非常听话可爱，会时不时跟父亲一起在公园踢毽子。

他没有红色法拉利，而且还要经常乘火车、飞机出门办事。

他的日子过得倒也十分幸福安逸，可是一天早上醒来，他突然想起了多年前自己的梦想，于是，他十分难过地对周围的人不停地诉说、抱怨自己的梦想没能实现。他觉得这一辈子都白活了，他还将这一切都归咎于上帝，最后居然有了求死的想法。

躺在病床上的他又见到了上帝。

"你还记得我是个小男孩时，对你讲述的那些梦想吗?"他问上帝。

上帝回答："记得。""可你并没有让我实现。这让我感觉输掉了自己的一生。"男人伤心地说道。

上帝回答："其实你已经实现了自己的梦想，只是我想让你惊喜一下，给了一些你没有想到的东西。一个好妻子、一份好工作、一处舒适的住所，这是多么搭配的组合。还有，3个可爱的女儿……"

"可这并不是我真正想要的。"男人打断了上帝的话。

"难道你现在不幸福吗?"上帝问道。

男人沉默了。

"我本以为你会把我想要的东西给我。"上帝说。

"那是什么?"这让男人很惊讶，他从不记得上帝要求过他什么。

"我希望你能因为我给你的东西而感到快乐。"上帝温柔地答道。

男人不再说话了。那天晚上他做了一个梦，梦到自己有一份好工作，住在一所能看到星空的公寓里，有一个贤惠的妻子和3个可爱的女儿，而这些就是他现在所拥有的。

从此，男人过得非常快乐。他明白，快乐从未离开过他，而他从来也不曾输过，只要他想，他就是最成功的。

不管这世界怎样变幻，我们都要真诚地面对生活和自己。不要把一切都定格在输赢上，何必要这样为难自己呢?人心不足蛇吞象，无法看淡输赢成败，最终自己也会毁在人生这场争斗中。

第十一章　得之淡然，失之坦然
——淡泊人生顺其自然

福祸相倚，得失相伴，坦然些，淡定点，一切都会过去。"逃避，不一定躲得过；面对，不一定最难过；孤独，不一定不快乐；得到，不一定会长久；失去，不一定不再拥有。"如果你对一件事太过计较，那么，失一定大于得。

1.审时而取，度势而舍

如果说监狱的恐怖在于囚禁了人的自由，那么世界上最恐怖的监狱恐怕并不是那些由铁窗和围墙圈起的牢房，而是我们为自己所设的心灵监狱。人的一生，不如意事十有八九，如果我们看不破，那么就相当于把自己的心灵锁住了，于是眼睛只盯住那些看不破的事。我们应该学会放下计较，自省自励，不要让自己活在无穷无尽的烦恼之中，不要让自己活得太累。

佛陀在世时，一个弟子历尽千辛万苦，手拿两个巨大的花瓶来到佛陀的座前，一心想求得真经佛法。

佛陀见了，只说一声："放下。"

弟子以为佛陀叫他把花瓶放下，便立刻把左手的那个花瓶放下。佛陀又说："放下。"

弟子以为佛陀要他把右手的那个花瓶也放下来，于是他便把右手里的花瓶也放了下来。可佛陀依然对他说："放下！"

弟子非常不解，问道："弟子已两手空空，再没有什么可以放下的了，佛陀还让弟子放下什么呢？"

佛陀说："我叫你放下，并不是叫你放下手里的东西，而是要你放下心灵的负担。"

弟子这时才明白佛陀叫他放下的真义，于是佛法便存心中。

日常生活中，很多人总是喊着活得太累、工作压力大、生活负担重、人际交往复杂，其实就是太在意了，不能将其放下。当我们把这些负担都放下时，便可以从人生的痛苦、生死的桎梏中解脱出来。

生活中，虽然我们无法左右命运的走向，却可以清除心灵的负担。如果总是不能忘记过去的无奈、悲伤、纠结、失意，受累的只能是自己。我们必须经常卸下自己的心理负担，放下过多的计较，这样才会提高生活的质量，让心灵得以释放。

看破时需要放下，认真时需要担起，人生之事不过如此。不要因为自己执着的那点儿意念而毁了一生的幸福。

智者心语

迟迟不肯放下心中的念头，或是执着，或是不舍，最终却都要放下，只有这样才能重新拿起。

一天，一个妇人来找心理医生看病。一进门，她就开始诉苦，说感觉生活压力太大，还不厌其烦地向医生描述那些日复一日永远也做不完的事。其实她每一天也不过都在忙些日常生活中的小事，从每天早晨起床后整理床铺一直到匆匆忙忙赶着出门去上班，这个妇人好像在按既定的程序运作，始终为了去"赶"什么而活着。

医生皱着眉头听完她的诉说后，只给了她一条建议，就是让她不妨试一下一段时间起床后干脆不整理床铺。妇人一时间愣住了，从她的表情可以看出她心里一定在嘀咕：为什么这个医生这么不负责任？难道我的烦恼全都是因为叠那一床被子引起的吗？但不管怎样，她还是同意按照医生说的办法试试看。

两个星期后，她又来到了医生的办公室。这次她一进门就能看出心病已解，因为她步履轻盈，显得春风满面、一身轻松的样子。她告诉医生说，她42年来头一回起床后没有整理床铺，结果发现原来不叠被子的感觉是这么爽。她还说，以前她总要求自己饭后把餐具洗净擦干再放好，现在竟不再苛求自己每次都这样做了。

医生从心底里为这位女士感到高兴，因为她至少在两个方面突破了自我、解放了自己，一是发现自己在生活中有选择的余地——对于这一点，她以前可能从未意识到；二是不再苛求自己事事追求完美——这对于她来说意味着自我超越，意味着一种新的生活体验的开始。

这位妇人的心病在于对事情太过认真，从早晨起来叠被开始，她每一天的生活都被安排得紧紧张张、一丝不苟，如此一来，限制了心中的自由，于是病从心生。其实何止这位妇人，在如今快节奏的都市生活中，人就像是固定在高速运转的机器上的螺丝，只有铆在上面跟着转的份儿，绝无擅自离开或者中途停下来的道理。许多人都抱怨自己"活得太累"，其实不知道这种"累"并不仅仅是体力上的疲劳，更是心理上的感受和体验，是精神负担过重、极度疲劳的表现。

我们在现实生活中，每天为了生活疲于奔命，这就已经非常辛苦了，如果再时时拿出这种辛苦和辛酸来不断品尝，岂不是跟自己过不去？对于那些烦琐的、压抑的、已经过去却不能忘怀的事情，不如统统忘记。而对于那些快乐的、值得的、美好的事情多认真想想，这样以后的路会走得更轻松。也许有人会说，失败是成功之母，失败了不应该忘记，而应该刻骨铭记，还要时时拿出来激励自己，殊不知，脑袋里装太多不好的经验，就会使人对未来丧失希望，失去向前的勇气。

小说家荷摩·克洛伊说："不要为了打翻的牛奶哭泣。否则，打翻的将不是牛奶，而是你的心血……"一生中，我们要经历的事情很多，有快乐也有悲伤。对于智者来说，他们忘记的总是那些不快乐的事，而记住的是那些快乐的事，所以，他们过的是一种轻松而充实的生活。

2.有失意，才有得意

痛苦、失败和挫折是人生必须经历的。受挫一次，对生活的理解加深一层；失误一次，对人生的领悟便增添一级。从这个意义上说，想获得成功和幸福，想过得快乐和充实，首先就得真正领悟失败、挫折和痛苦的意义。

一家保险公司曾经从拍卖市场上拍下一艘船，这艘船原来属于荷兰一个船舶公司，它自1894年下水，在大西洋上曾遭遇138次冰山、16次触礁、13次失火、207次被风暴折断桅杆，但它却从来没有沉没过。

据统计，截至1987年，已经有1200多万人次参观了这艘船，仅参观者的留言就有 170 多本。在留言本上，记录最多的一条就是——在大海上航行没有不带伤的船。

"在大海上航行没有不带伤的船。"这是一句多么激奋人心的话，在生活中，我们是不是也应该这样勉励自己呢？失意是不可避免的，但是只要我们正确地看待挫折，敢于面对挫折，在痛苦面前无所畏惧、克服自身的缺点，在困难面前不低头，那么顽强的精神力量就可以征服一切。没有什么能夺走你的一切，失意只会让你更强大。

生命对每个人来说都是平等的，只有一次，那么该如何把握生活、享受生命呢？就用微笑来面对吧！用微笑来苦中作乐，这样即使在寒冷的冬天也会感到生活的温暖，在漆黑的午夜，你也能看到希望的曙光。用微笑来面对生活，用微笑来面对每个人、每件事，你就会看到灿烂的阳光，迎接你的是一路鸟语花香。总之，心宽者淡定，淡定者多快乐。

一个女孩有一副动人的歌喉，唱起歌来委婉美妙，像百灵鸟一样，但令人遗憾的是她却长着一口龅牙，十分难看。于是，虽然很多人鼓励她参加唱歌比赛，但也不对她抱太大希望。在比赛过程中，女孩为了遮盖自己的缺陷，总是尽力避免将嘴张大。可这样一来，反倒影响了她的表演，结果表演搞砸了。

就这样，几次参赛下来，女孩几乎对自己绝望了。但事情总会出现转机，在一次比赛中，一位评委发现了她的歌唱天赋，并鼓励她说："你有唱歌的天赋，我相信你一定能够取得成功，但你必须忘掉自己的龅牙。"

在这位评委的帮助下，女孩渐渐走出自己

智者心语

失去了，再争取得到；得到了，别怕失去。有时，得与失是一对分不开的兄弟。

龅牙的心理阴影，在一次全国大赛中，她极富个性化的演唱倾倒了观众，征服了评委，最终脱颖而出。而她就是著名的流行乐后卡丝·戴莉。

上帝总是公平的，他在为你关上一扇门的同时，总会为你打开另一扇窗。我们不必为自己的平庸和丑陋感到自卑，只要善于发现，完全可以从这些自认为丑陋的缺陷中找到有价值的一面。只要我们能以一种平和淡定的心态来对待人生、笑对人生，那么自己所有的缺陷看起来都是不足为道的。

人生亦当如此。人生不无遗憾，当我们与不幸不期而遇时，就要既来之则安之，淡然处之，宽容以待。当你把自己生命中一切遭遇都看作是或圆满或凄美的风景，用一种看风景的心情来笑看人生旅途时，一切都会归于淡然和美好。

3.计较太多，过犹不及

有一首非常著名的禅偈诗："修习空花万行，晏坐水月道场。降服镜里魔军，大作梦中佛事！"意思是说，虽然一切的修行活动像空中的花朵虚幻不实，但还要认真去修行；虽然修行求道的场所像水中的月影虚幻不实，但还要静静地禅坐；人的烦恼魔障本来是空，像镜中的影子一样，但还要努力去降服；各种佛事活动本来是空，像梦中的景象一样，但还要努力去完成。

苏东坡曾在《前赤壁赋》中说："客亦知夫水与月乎？逝者如斯，而未尝往也；盈虚者如彼，而卒莫消长也。盖将自其变者而观之，则天地曾不能以一瞬；自其不变者而观之，则物与我皆无尽也。而又何羡乎？"

文章中，苏轼借江水与明月两个意象展开自己的观点。苏轼说，从一方面看，江水滔滔不息，日夜流逝；从另一方面看，江水还是一江之水。从一方面看，月亮阴晴圆缺，日日不同；从另一方面看，月亮本身并没有任何增减变化。

这就是在告诉我们，看待人生是需要一个多元的角度的。佛家讲"空即是色，色即是空"，缘起缘灭，生生灭灭，转眼之间，天地都不复存在，又何况短暂的人生。既然人生短暂无常，又何必因为那些琐碎的小事而太过计较。

一年冬天，杰夫在郊区购买了一个大牧场。有一天，牧场里的牛逃了出来，最后冲进一户农家田地里偷食玉米，被农夫当场杀死。杰夫得到这个消息时很愤怒，心想农夫实在太过分了，牛只不过偷吃了点儿玉米，农夫竟然把牛宰了。

杰夫带着佣人一起去找农夫理论。当时郊外天气风云突变，正值寒流来袭，他们只走了一半路程，人和马身上就全部挂满了冰霜，两个人也几乎要冻僵了。好不容易抵达农夫的小木屋，农夫不在家，但农夫的妻子热情地邀请他们进屋等待。当杰夫进屋时发现，屋子里的桌椅后还躲着 5 个瘦得像猴子似的孩子，这个情景让杰夫有些震惊。

不久，农夫回来了，农夫的妻子告诉农夫："他们是顶着狂风严寒来找你的。"杰夫看到农夫时本想开口与农夫理论，可他忽然又打住了，伸出了手和农夫握了握。

外面天气寒冷，农夫热情地邀请杰夫共进晚餐。其间，农夫满脸歉意地说："不好意思，委屈你们吃这些豆子，原本有牛肉可以吃的，但是忽然刮起了风，还没准备好。"

智者心语

想得开，万事顺意；想不开，千难万险。人生的道理有时很浅，只是有些时候人们的心，太乱。

孩子们一听有牛肉可吃，高兴得眼睛直发亮光。吃完饭，佣人一直等着杰夫开口谈正事，但杰夫似乎忘了一样，只见他与这家人开心地有说有笑。又过了一会儿，天气仍然相当差，农夫便要两个人住下，等明天天气转暖了再回去，杰夫拗不过，只得与佣人借宿了一晚。

第二天早上，他们又吃了一顿简单的早餐，然后告辞回去了。一路上杰夫默默无语，倒是佣人忍不住问他："我以为，你准备去为那头牛讨个公道呢！"杰夫微笑着说："是啊，我本来是抱着这个念头的，但一进门就放弃了！后来证明我的决定是对的，我并没有白白失去一头牛，而是得到了更宝贵的人情味。毕竟，牛在任何时候都可以获得，但人情味却并不是那么容易得到的。"

大多数的人都在追求物质上的满足，为了小事斤斤计较，然而当物质需求得到满足之后，并没有得到内心真正的充实。故事中的杰夫，尽管失去了一头牛，却换得农夫一家人的笑容和幸福以及难得遇见的人情味。

心宽者必淡定，他们闲看云卷云舒，明白了色空不定的道理。正如百岁老人陈椿的一句话，"一件事情，如果想通了就是天堂，想不通就是地狱，既然活着，就一定要活好。"有些事会不会招惹麻烦，有时完全取决于我们的心态。不要把一些鸡毛蒜皮的小事放在心上，别太过于看重名利得失；不要有那么多猜疑敏感、任意夸大事实；也不要动辄就为了一点儿小事而着急上火、大动干戈，只有心里放得下这些，才会拥有一个幸福美满的人生。

4.失去是得到的前奏，失意是开心的伏笔

一生中，人们有得亦有失，但大多数人都不会主动想要"失去"。因此，几乎任何的"失去"都是客观的，就看你能不能说服你的主观意识来接受它。能接受的人就是淡定之人，不能接受的人便选择逃避，有时明知道最后会失去，却依然选择飞蛾扑火。那么这样的人，我们能说他是明智的吗？

那么，我们究竟该怎样看待得失呢？为什么平白无故地要接受失去，这放在一般人身上都不是一件容易事。选择逃避吗？能逃得掉吗？不管你承不承认，失去了就是失去了。所以，我们不如抱持这样的态度：不要把得到看成一件简单的事，得到从来不会那么幸运，它需要客观条件的允许和主动努力配合，以及天时、地利、人和的佐助才能实现。而这种得到也是有限的，如果你太过贪婪，就会让你适得其反，最终失去更多。

东汉时靠近边塞的地方住着一位上了年纪的老翁。老翁精通易理，会占卜算卦，能知过去未来。一次，老翁家的一匹马无缘无故挣脱了马缰，翻越边塞，直奔胡人居住的地方去了。邻居们听说后都前来安慰老翁，只见老翁面无忧色，平静地说："谁知道这事不是一种福呢？"

这句话果然应验了。几个月后，那匹丢失的马突然跑回家中，还带着一匹胡人的骏马一起回来。邻居们知道这个情况后，都前来向他表示祝贺。老翁此时却无动于衷，愁眉不展，接着他坦然道："这未必不是祸啊！"果然，老翁的儿子十分喜欢这匹新得到的烈马，而且他的儿子生性好武，喜欢骑术，

一天到晚骑着烈马在野外练习骑射。结果有一天，烈马脱缰，把他儿子重重地摔了个仰面朝天，以致大腿骨断裂，成了终身残疾。邻居们听说这件不幸的事情后，纷纷前来慰问，老翁却不动声色，淡然道："这件事未必不是福。"

果然，只一年不到，胡人侵犯边境，大举入塞，四邻八乡的精壮男子全被征召入伍，结果死伤无数，而靠近边塞的居民更是十室九空，剩下一些老幼病残无人照料，唯独老翁的儿子因跛脚残疾，没有被招去打仗，因而父子得以保全性命，安度残年余生。

由此可见，福可以转化为祸，祸也可变化成福。这种变化深不可测，实难预料。"塞翁失马"阐述的是老子"祸兮福之所倚，福兮祸之所伏"的祸福倚伏观。

古人尚且有此等高深的胸怀和智慧，生活在现代的我们就更应该看透这一点了：得与失有着必然的联系，你得不到时就意味着正在失去，在你失去的时候又何尝不是一种意识到的"得到"呢？看问题要一分为二，得到和失去就是个对立统一的矛盾体，没有得到，失去就不会存在，没有失去，得到又从何而来呢？不论发生什么事，我们都应该以一颗宽广的心来对待得与失，热爱生活才是快乐的源泉。

需要明白的是，福祸相倚的观念源于一个"宽"字。一个人只有心胸足够宽广，才能受得起大富大贵，一个人只有足够淡定才能容得下大苦大难。不论福还是祸，都能装得下，你才能看透福祸之间的必然关联，才能更坦荡、更淡然地不计得失。

5.得失之心，适可而止

　　生活中的每一件事对于身陷其中的我们而言，可能收获大于损失，也有可能是损失大于收获，还有可能得失相当。因此，我们有时必须得较这个真儿，但如果我们在每一件事的得失上都算计的话，我们将会活得很累。

　　人生福祸相倚，变化无常。在人际交往过程中，如果总爱吹毛求疵，过分注重一些毫无价值的小事，不但会让别人难堪，也使自己处于精神萎靡、心情恶劣的状态。这是一种浮躁的表现，这种不良的心理使得我们只顾眼下，不管将来，只计较细小的事情，心中无大事也无大量；只图自己一吐为快，从不考虑别人的感受。

　　莉娜是一名职业校对员，曾为出版社校对过不少书刊著作。莉娜工作认真负责，一丝不苟，在业界颇有些名气。

　　校对的工作做久了，在生活中，莉娜也经常会不自觉地检查单词拼写和标点符号是否准确。听别人讲话时，她也会想着对方的发音是否正确，停顿是否得当。

　　一天，莉娜去教堂做礼拜，听牧师朗读一篇赞美诗。正当她听到要害之处时，牧师居然读错了一个单词，莉娜顿时浑身不自在起来，一个声音在心里不停地嘟囔："他读错了！牧师竟然读错了！"之后，她再也不能专心听牧师布道，也不知道牧师都讲了些什么，只为那读错的单词纠结。正在这时，一只苍蝇从莉娜的眼前慢慢飞过。

莉娜耳边突然响起了一句名言："不要因为一只飞虫而忽视了眼前美丽的风景。"对呀，怎么能因为一个小小的错误而忽视整篇赞美诗呢？莉娜突然如醍醐灌顶一般，大彻大悟。

人生中的一些事，有时必须要较真儿才能成功，但亦不可太过较真儿，尤其不能在得失上过分算计。人的相处是相互的，你表现出一分敌意，对方可能就会还你二分，然后你递增到三分，他又会还回来六分……一来二去，本来一个小小的矛盾就演化成了一个深仇大恨。不如在矛盾初显时就把敌意变成善意，少一分计较，究竟谁多得一分、谁少得一点儿有多重要？当"冤冤相报何时了"的双败能成为"相逢一笑泯恩仇"的双赢时，你的人生才会充满快乐，你生活中的每一刻对你而言都是美妙的。

有一个答题赢大奖的电视节目，一位选手一路过五关斩六将，顺利答到了第九题。而此时，他已经没有机会再排除错误答案，也没有机会打热线给朋友，更不能向现场观众求助，答完第九题，他已经把最初设定的家庭梦想都实现了，这时主持人微笑着问："继续吗？"他深深地看了一眼台下怀有身孕的妻子，干脆地回答："不，我放弃！"

当时，主持人一愣，现场也是一片哗然，因为很少有人会在这个节骨眼放弃，而且这还是现场直播，全国观众都盯着他，他怎能说放弃就放弃呢？别人又会怎样看待他的"退缩"？但他似乎心意已决，主持人十分惋惜地连问了3次："真的放弃吗？你确定不会后悔吗？"他依然点头，坚定地说："真的放弃，我不会后悔，因为应该得到的已

智者心语

看事物，认真固然好，不过，偶尔随意一些，也不一定会坏到哪去。

经得到了。"这样，他就只回答了 9 道题，实现了自己的家庭梦想，却没有向终点发起冲击。

这时，另一位主持人依然不放弃，又激问他："如果将来你的孩子长大了，看到了这期节目问你当时为什么放弃了，你会怎么说？"他说："我会告诉孩子，人生不一定要走到最高点。"主持人追问："那你的孩子如果说他以后只考 80 分就满足了，你怎么说？"答题者微笑着回答："如果孩子不觉得难过，而且也的确付出了应该付出的努力，那么我认同！"

台下掌声雷动。

显然，大家都被他这种在得失面前所保持的那一份淡定从容打动了。有时候，适时地放弃并不是退缩，而是一种冷静的智慧，一种成熟的象征。成熟并不意味着你更加懂得去珍惜什么，而是你更加明白适时放弃的重要。得失之间，淡定才是美。

"逃避，不一定躲得过；面对，不一定最难过；孤独，不一定不快乐；得到，不一定能长久；失去，不一定不再拥有。"请不要再计较那些个人得失，凡事不要太在意，更不要太强求，就让一切随缘。你可能因为某个理由而伤心难过，但你却能找个理由让自己快乐。永远在得失面前保持一种超然的淡定，总有一天，你会发现生活中被你忽视的美好。

第十二章　静守岁月，安享寂寞
——淡泊人生静观世界

古来圣贤多寂寥。当寂寞来临时，轻轻合上门窗，隔去外面的喧嚣，独坐灯下，平静地等待着身体与心灵的合一，净化悲欢交集的思想。在人生的道路上，安享寂寞可以摆脱多余的苦闷，而牵挂空虚只会让幸福远去。

1.一蓑烟雨任平生

挫折是人生的常态，遭遇挫折不应一味地放大痛苦让其充塞心灵，应学会调适心境，坦然面对。

晚年遭受贬谪的苏轼面对人生的挫折，洒脱地吟出："莫听穿林打叶声，何妨吟啸且徐行。竹杖芒鞋轻胜马，谁怕？一蓑烟雨任平生。"正视挫折、淡化苦痛的平和心境，磨炼了苏轼的豪放词风。实际上，苏轼用象征手法写出了自己在突如其来的政治风雨面前内心的坦荡与气度的从容。

苏轼，字子瞻，号"东坡居士"，北宋眉州眉山（今四川眉山）人，是宋代著名的文学家、书画家。他与父亲苏洵、弟弟苏辙皆以文学名世，世称

"三苏"，与汉末"三曹"（曹操、曹丕、曹植）齐名；与黄庭坚、米芾、蔡襄被称为最能代表宋代书法成就的书法家，合称为"宋四家"，苏氏四门生为：秦观、黄庭坚、晁补之、张耒。

嘉祐元年（公元 1056 年），虚岁 21 的苏轼首次出川赴京，参加朝廷的科举考试。翌年，他参加了礼部的考试，以一篇《刑赏忠厚之至论》获得主考官欧阳修的赏识，高中进士。

嘉祐六年，苏轼应中制科考试，即通常所谓的"三年京察"，入第三等，授大理评事、签书凤翔府判官。后逢其父于汴京病故，丁忧服丧归里。熙宁二年（公元 1069 年）服满还朝，仍授本职。

苏轼几年不在京城，朝廷里已发生了巨大的变化。宋神宗即位后，任用王安石开始变法。苏轼的许多师友，包括当初赏识他的恩师欧阳修在内，因在新法的施行上与新任宰相王安石意见不合，被迫离京。朝野旧友凋零，苏轼眼中所见的已不是他 20 岁时所见的"平和世界"。

苏轼因在返京的途中见到新法对普通老百姓的残害，故很不同意宰相王安石的做法，认为新法不能便民，便上书反对。这样做的一个结果，便是像他的那些被迫离京的师友一样不容于朝廷，于是苏轼自求外放，调任杭州通判。

苏轼在杭州待了 3 年，任满后，被调往密州、徐州、湖州等地，任知州。

这样持续了大概 10 年，苏轼遇到了生平第一桩祸事。当时有人故意把他的诗句歪曲，大做文章。元丰二年（公元 1079 年），苏轼到湖州任上还不到 3 个月，就因为作诗讽刺新法，以"文字毁谤君相"的罪名被捕下狱，史称"乌台诗案"。

苏轼坐牢 103 天，几次濒临被砍头的境地。幸亏北宋在太祖赵匡胤年间即定下不杀言官、

智者心语

能够在挫折面前保持淡定，才能在成功面前不丧失自我。

士大夫的国策，苏轼才算躲过一劫。

出狱以后，苏轼被降职为黄州团练副使，这个职位相当低微，而此时苏轼经此变故，已变得心灰意懒，在办完公事之后便带领家人开垦荒地，种田帮补生计。"东坡居士"的别号便是他在这时为自己起的。

宋哲宗即位，高太后听政，新党势力倒台，司马光重新被起用为相。苏轼于是以礼部郎中被召还朝。在朝半月，升起居舍人，3个月后，升中书舍人，不久又升翰林学士。在此期间，苏轼处在人生的顺境之中，但依然坚持他的淡泊。"人在玉堂深处"时，却怀念黄州东坡雪堂"手种堂前桃李，无限绿阴青子"；他还告诫自己说："居士，居士，莫忘小桥流水。"元祐六年（公元1091年）三月，自杭州知州入为翰林学士承旨时作《八声甘州·寄参廖子》词，偏要表白自己："谁似东坡老，白首忘机。"苏轼的这种在顺境中淡泊自守的品格难能可贵。

当苏轼看到旧党势力拼命压制王安石集团的人物及尽废新法后，认为其与所谓的"王党"不过是一丘之貉，再次向皇帝提出谏议。

苏轼至此是既不能容于新党，又不能见谅于旧党，因而再度自求外调。他以龙图阁学士的身份再次回到阔别了16年的杭州当太守。苏轼在杭州进行了一项重大的水利建设，疏浚西湖，用挖出的淤泥在西湖旁边筑了一道堤坝，这就是著名的"苏堤"。

苏轼在杭州过得很惬意，自比唐代的白居易。但元祐六年（公元1091年），他又被召回朝。但不久又因为政见不合，被外放颍州。

元祐八年（公元1093年）新党再度执政，他以"讥刺先朝"的罪名被贬为惠州安置，再贬为儋州（今海南省儋州市）别驾、昌化军安置。徽宗即位，调廉州安置、舒州团练副使、永州安置。元符三年（公元1100年）大赦，复任朝奉郎，北归途中，卒于常州，谥号文忠，享年66岁。

的确，苏轼的一生曾有人用"霉"字以蔽之，对于苏轼这样一个做过大官的文学天才，而且在北宋无人不知，无人不晓，一贬再贬的仕途怎一个"霉"字了得。但苏轼之所以是苏轼，不仅在于他有"大江东去浪淘尽"的豪放，更重要的还在于他有"一蓑烟雨任平生"的洒脱。虽然被贬官，写出来的词却极少有幽怨之作，依然是豪气冲天，对待生活还是那么积极，这也可以看出他人生境界的高远。

2.有梦想，不放弃

不被世人理解是每个时代的天才所共有的命运，就像蝴蝶蛹总是被虫蚁嘲笑一样。但是没有必要为此而悲伤失望，更无须反驳辩解，因为时间会证明一切，当这段寂寞孤独的时光走过，拂去尘埃的金子总会发出耀眼的光芒。

惠特曼被喻为美国最伟大的田园诗人，他的第一本诗集《草叶集》在世界各地都有译本，畅销不衰。但在最初时却没一个出版商愿意发行这本书。

1854年，惠特曼从事新闻记者工作，并兼职在印刷厂上班。当《草叶集》完成时，他询问了许多家出版商，但他们都表示毫无兴趣。他只好请求印刷界的朋友帮助，好不容易才出版了薄薄的一本小书。

没有人对这本好不容易出版的《草叶集》感兴趣，赠送出去的数量远远大于销售的数量，惠特曼甚至有些夸张地说："一本也没有卖出去。"还有一位文学编年史家把这本书的销售状况描述为美国文学史上最大的失败，可想而知其凄惨的情形。

不单是销售失败，一些文学评论家对《草叶集》的负面评论也很多。但是，这些挫折与打击都没有击倒惠特曼，他仍坚守着热爱自由、赞美大自然的本性。他的这些不妥协的作品慢慢成为文学精英人士谈论的话题，也使得初版时赠阅出去的《草叶集》不断流传。

1860 年，波士顿一家出版社写信给惠特曼，希望出版他的诗集，因此，增加了许多新作的《草叶集》出版了。这次的销售情况比以前好多了，几年后，各种不同版本的《草叶集》被不断地出版发行，销售也越来越好，人们逐渐理解了惠特曼在诗中所要表达的情感，越来越多的人开始喜欢惠特曼的诗。

由此我们明白，要永远对自己抱有信心，并且不因别人的曲解和非难而改变自己的初衷，坚持自己的梦想，并努力把它变成现实。要始终信任自己、接纳自己，如此，最终别人也一定会接纳你、欣赏你。是金子，无论它被埋到泥土里有多久，迟早会被发现，并最终闪闪发光的。

在未被理解之时，我们要学会忍耐，要不断地鼓励自己，别太在意他人的嘲笑，要能够抵抗挫折，不轻易承认失败。在困难的时候再努力挺一挺，再坚持一下……

3.耐住寂寞，守得云开见月明

人类的卓越成就离不开孤独和寂寞的锤炼。即使是平凡的你，只要能够耐得住寂寞，在寂寞中不断地奋斗，终有一天，你也会发出属于自己的光芒。

因为出生时恰逢8年抗战胜利之时，所以父亲就给他取名凌解放，谐音"临解放"，寓意期盼全国能够早日解放。果然，没几年全国就迎来了期盼已久的解放。全国是解放了，可是凌解放的父亲和老师却伤透了脑筋。凌解放贪玩不爱学习，成绩太差，从小学到中学不断留级，一直到他21岁大龄的时候才勉强高中毕业。

高中毕业后，凌解放参军入伍，成为一名支援国家建设的工程兵，驻守在山西。那个时候，他的工作就是头上戴着矿工帽，脚上穿着长筒水靴，腰里再系一根绳子，每天下到数百米深的井下去挖煤。凌解放每天在矿井里摸爬滚打，抬头不见天日，只能和老鼠做伴，他感到一种前所未有的悲凉。

他不甘心就这样稀里糊涂过一辈子，每天浑浑噩噩，于是在每次收工后，他就一头扎进了团部图书馆学习文化。刚开始不知道怎么学，他就一本一本地仔细阅读，就连晦涩难懂的大词典《辞海》都从头到尾啃了一遍。其实，关于自己将来想做什么、要做什么，他自己也不明白，他只是知道如果自己现在不努力学习，将来一定会后悔。只要自己肯下功夫、努力学习，就可以为自己找到一条出路，改变自己的一生，否则这辈子难有出头之日。

就是靠着这样的毅力，他独自一人度过了无数个不眠之夜，硬是坚持了下来。看的书多了之后，他发现自己十分喜欢与古文有关的文献和书籍，于是他就想方设法为自己找一些这方面的书籍阅读。

有一次，他无意间发现在部队驻地附近有很多古老的破庙残碑，上面有很多文字。于是，他就利用休息时间把镌刻在碑石上的古文全部抄写下来，然后带回去潜心钻研。要知道，这些碑石上镌刻的文字既无标点符号，也没有注释，而且在书本上没有任何记载，要想理解其含义，必须全凭他自己下苦功夫细琢磨才行。就这样，利用仅有的几本词典，他硬是将所有石碑上篆镌的古文全部吃透了，在不知不觉中打下了扎实的古文学基础，即使像《古文观止》一类的深奥的古文献，他读起来也已经十分轻松。等他从部队里退伍时，他已经将团部图书馆的书全部读完，这种学习为他日后的文学事业打下了坚实基础。

转业到地方后，他没有懈怠，依然坚持在部队时的刻苦好学，特别是对古文献的阅读方面不断扩展。由于他对《红楼梦》有很深的研究，而且见解独到，古文学功底深厚，因此被吸收为全国红学会会员。1982 年，他曾受邀参加了一次"红学"研讨会，加强交流。在研讨会上，各地的红学专家们从《红楼梦》谈到作者曹雪芹，又谈到曹雪芹的祖父曹寅，进而再聊到康熙皇帝的生平事迹。这时有很多红学专家感叹，在国内还没有一本专门详细介绍康熙皇帝生平的文学作品，实在是太遗憾了。这时，凌解放的脑海中突然间冒出"既然还没有人写，那我就写一本"的念头。

因为有着在部队自学时所打下的扎实的古文功底，所以在阅读关于康熙皇帝第一手史学资料时，他几乎没费吹灰之力。经过几年的研究和不间断地努力写作，在 1986 年，凌解放以"二月河"的笔名出版了自己的第一部长篇小说——《康熙大帝》。从此，他心中的创作热情被彻底激发，就如同是迎春解冻的二月河水，将他的人生谱写成一条激情澎湃、奔流不息的河流。

在人生的低谷中，保持一份孤独和寂寞就是在默默地为自己存储力量，在深渊中的潜龙必定是孤独寂寞的，只有这样才能渐渐地壮大自己。低谷中的寂寞是一种坚持、一种信念、一种暗藏的蓬勃向上的潜力。

4.野百合也有春天

很多时候，我们都忘记了缅怀人生路上的一些遗憾，沧海桑田，许多人已经变得世故麻木，忘记了曾经拥有过却不曾珍惜的往事。想起那部让人又笑又哭的经典电影《大话西游》，希望那滴珍藏在我们心中已经很久的眼泪会在某一个瞬间涌出来，我们麻木的心或许从此会多了那么一份对人生的感悟。

某位名人曾说过："我以为爱情可以克服一切，谁知道她有时毫无力量。我以为爱情可以填满人生的遗憾，然而，制造更多遗憾的却偏偏是爱情。阴晴圆缺，在一段爱情中不断重演。换一个人，都不会天色常蓝。"

17 岁，情窦初开的年纪，也是充满无限憧憬与期待的年纪。17 岁那年的雨季，他被家里安排到一个边远的省份上高中，不过，他待在那里的时间也不过只有一年。

边远的小城孤寂而又荒凉，让他产生了与世隔绝的感觉。和偌大的北京城相比，这里的一切自然显得很土气，甚至连人们说话的口音都那么难听，举止又粗鲁。可他从来没有察觉，他清秀的外表和标准的普通话从他报到的那天起，就一直吸引着一个女孩。

女孩是当地人，脸色黑里透着红，健康而又美丽，常常带着羞涩的笑容。每次她见到他时，总是低着头，飞快地避开他的目光。他很得意地拥有着女孩这样青涩的喜欢，毕竟他有着一颗年少的虚荣心。

他学习比她好，况且来自北京，他把高考的目标定为了北大。不论是从哪方面来看，他都不会把这样一个平凡的女孩子放在眼里。

一天，他闻到书桌里有淡淡的香气散发出来，急忙打开书桌一看，发现语文书里夹着一朵花。他不清楚花的名字，只是看到它是白色的，散发着淡淡的清香。想了一会儿，他才明白过来这花是谁送的。

再见到她时，他拦住了她。她的心一下子跳到了嗓子眼，甚至连呼吸都屏住了。他得意地看着她，居高临下地问她："能告诉我你送的是什么花吗?"

"野百合。"她低着头，紧张又害羞地摆弄着衣角。

"对不起，请你以后不要送我这种花了，因为我不喜欢。"说完，他头也不回地走掉了。

站在原地的她泪如雨下。她没有要求他做什么，她只是想在这如花的季节里和他一起度过高考来临前的那段时光。

高考很快就结束了，他没有考上北大，最终还是回了北京，而她则名落孙山。

从那以后，他再也没有听到过她的任何消息，他也没有往心里去。她在他心中原本就只是一丝涟漪，风停了，涟漪也就散了。那朵他从没正眼看过的"野百合"，应该早就在家乡结婚生子了吧。

数年以后，他来到一家合资企业应聘，却蓦然发现她在台上笑靥如花，美丽得如同一只天鹅。他一开始以为是与她长相类似的人，看到名字后，才发现果然是她，她面前的牌子上面写着：人力资源部经理。

他惊呆了，她，一个没有上过大学的平庸女孩怎么会来北京？而且做到了大公司的高层管理人员呢？

她也看到了他，招聘会结束时，他再次拦住她问："真的是你吗？"

她笑得像一朵百合，云淡风轻地说："自从认识你以后，我才明白一件事，一朵花要找到属于自己的春天才能被别人注意到。那年高考结束后，我选择了复读，然后考上了北京的一所大学，直到念完研究生。"

他心里顿时生出了或多或少的悔意，但是一切已经回不到从前。俗话说得好：三十年河东，三十年河西。她不再是那个等待他定夺的黑黑傻傻的小女孩了，而是他等待她定夺的一个美丽的女主管。

谈话间，有一辆很气派的奔驰车开了过来，开车的男子为她打开了车门，她赶忙跟他说了两句告别的话就上车走了。不久，他收到了该公司的聘请通知，但是为了自己的自尊和面子，他没有去上班。

野百合也有春天，只可惜有些人错过了。世上没有后悔药可买，也少有第二次选择的机会。珍惜眼前拥有的日子，等到某一天回忆起来，就会发现一片美丽的春天。

如果你能拥有一颗平常心，那么一年四季时时都是好时节。所谓平常心，就是成功时不骄不躁、失意时不愠不恼，凡事不生气、不抱怨、不忧虑、不冲动、不纠结。做到了以上这些，你便能心静如水，达到一个非凡的境界。

5.守住寂寞，静待繁华

寂寞，从来就是人们谈论的话题。因为太多的人品尝过它的滋味。所以古往今来，有多少文人墨客发过牢骚，斥责寂寞对他们的骚扰，又有多少世间人不甘寂寞的折磨而书写人生的败笔。

人们为何不甘寂寞呢？答案是心无定力！拒绝繁华喧闹的诱惑，接受寂寞的洗礼，需要修炼很高的定力。这像极了爱吸食鸦片的人，突然叫他戒毒，需要一定的毅力，也需要恒心，没有定力能行吗？

为了摆脱红尘的喧哗浮躁，一个年轻人决定剃度为僧。剃度时，他信誓旦旦地向住持表示自己要皈依佛门，但才念了不到一个月的佛经就受不了寺院的寂寞，还俗去了。一个月后，他一把鼻涕一把泪地向住持要求重入佛祖门下。住持心生慈悲，就答应了。3个月后，他又嚷嚷说佛门冷清留不住人，又一次开溜。

年轻人如此闹腾了好几次，住持很是纠结，留与不留都是烦恼。后来，他想出了一条妙计，对年轻人说："这样好了，你不如在寺院门口开个茶馆，做个不染红尘的还俗和尚。"年轻人听了很是高兴，真的在寺院门口开了个茶馆，后来又讨了个老婆，开开心心地过起日子来。当然，他自始至终也未能领悟到佛门真谛。

这位年轻人总是被红尘的繁华诱惑着，不甘寺院寂寞的折磨，心灵如此没有定力，怎能静悟佛道的深奥？住持也实在是高明，像这种不甘寂寞、心无定力的人也只能安排他做一些半吊子的事情。

在红尘喧嚣、人海浮沉之社会中，我们要想让心灵趋于宁静，让浮华归于沉寂，就要甘于寂寞。寂寞，是思想上的考验、是精神的历程，静中念虑澄澈，见心之真体；闲中气象从容，识心之真机。

下面，我们不妨来看一堂成功人士的演讲课。

这是一场座无虚席的演说，在人们热切、焦急的等待中，全国著名的推销大师上场了，这是他告别职业生涯的演说。只见他指挥着工作人员搭起了一座高大的铁架，铁架上吊着一个巨大的铁球，接下来又让工作人员将一柄大铁锤放在自己面前。

看到这怪异的一幕，人们很惊奇，不知道他要做什么。

这时，推销大师对观众说："请两位身体强壮的人到台上来，用这柄大铁锤去敲打那个吊着的铁球，直到把它荡起来。"很快，有两个年轻人上了台，他们用尽全力去敲打那个铁球，累得气喘吁吁，但是铁球纹丝不动。

台下观众的呐喊声渐渐沉寂下去了，他们好像认定这样的敲打是无用的，就等着推销大师来解惑。这时，推销大师拿出一只小锤，对着那个巨大的铁球认真地敲了一下，停顿片刻再敲一下，这样持续地做着。

时间一分一秒地过去，10分钟、20分钟……这样单调的敲击声令人们开始骚动起来，他们希望大师说点儿什么，便用各种方式来发泄自己的不满。但是推销大师好像根本没有听见人们在喊叫什么，仍然一小锤一小锤不停地敲着，人们开始离去，最后只有少数几个

智者心语

昙花一现芬芳片刻，精彩人生也不过几多华丽，守得住沉寂，才能绽放光彩。

人留了下来。后来留下的人们也喊累了，会场又安静了，只能听到"铛铛"的敲击声，又一个20分钟过去了，突然前排的一个人尖叫道："球动了!"

霎时间，人们聚精会神地看着那个铁球。那个巨大的铁球以很难察觉的幅度摆动着，而推销大师仍在继续敲着。终于，铁球在一锤一锤的敲打中越荡越高，它拉动着那个铁架子"哐哐"作响，在场的每一个人都震撼了。

一阵阵热烈的掌声爆发出来，推销大师收起小锤说了一句话："你们都想知道我成功的经验，今天我告诉你们——在成功的道路上，要有足够的耐心去忍受寂寞，等待成功的到来，否则你就只能面对失败。"

在这场别致的演讲中，推销大师为我们上了生动的一课。静下心来，隔绝纷繁，承受寂寞的考验，我们的心灵会沉静似浩渺的水域，我们会变得更加沉稳、睿智，进而获得人生珍贵的宁静。

坚守寂寞不是因为懦弱而躲藏，更不是因为害怕而放弃，而是不被喧嚣俗物所污浊的单纯，更是一种不动声色的蓄势。正如猛兽在捕猎之前都要静悄悄地占据一个有利地形，然后耐心地等待最合适的时机，一跃而上。

冰雪掩梅梅自香，何惧寂寞，终归会有人寻芳而至。而没有底蕴的人，再如何聒噪宣扬，也不会有人问津。做一个甘于寂寞散发梅香的人，还是一个只会聒噪一无是处的人，你做好选择了吗?

6.岁月静好，偏安寂寞

也许，很少有人能具体地说清寂寞到底是什么，但它却从来不曾消失过，反而如影随形，存在于每个人的心中。

有时，寂寞是一种考验。是否耐得住寂寞，是对坚守的考验：有的人能够守住精神的底线，有的人却成了道德的叛逆。同时，也是对修炼的考验：有的人面对诱惑从容镇静，能够参悟人生的真谛，有的人却被生活所控，跌到地狱的深渊。

守得住寂寞不一定都能通向成功，但所有的成功必来自与寂寞斗争的过程。可以说，耐得住寂寞是生命真正成熟的重要标志之一，因为这需要一种高尚的人生信念、强烈的梦想追求，以及坚韧的持守力和意志力。唯有此，人生方有所成。

李时珍的家族世代从医，世代长者都是远近闻名的"铃医"。在当时社会中，民间医生的地位很低，李家常受官绅的欺侮。因此，父亲决定让二儿子李时珍读书应考，以期一朝功成，出人头地。

李时珍自小体弱多病，然而性格刚直纯真，对空洞乏味的八股文不屑一顾。自14岁中了秀才后，又3次考举人，均名落孙山。于是，他放弃了科考做官的打算，专心学医，并向父亲表明决心："身如逆流船，心比铁石坚。望父全儿志，至死不怕难。"

李言闻被儿子的坚诚所打动，终于同意了李时珍的要求，并精心加以辅导。在父亲的启示下，李时珍认识到，"读万卷书"固然重要，但"行万里路"更不可少。于是，他穿上草鞋，背起药筐，远涉深山旷野，足迹遍及河南、河北、江苏、安徽、江西、湖北等广大地区。

他深入实地进行调查，遍访名医宿儒。每到一地，就虚心向各种人物请教，其中不乏采药的、种田的、捕鱼的、砍柴的、打猎的。其中，连《神农本草经》都说不明白的"芸苔"就是在一位种菜老者的指点下经过察看实物而得知的。芸苔实际上就是油菜，头一年下种，第二年开花，种子可以榨油，于是，这种药物便在他的《本草纲目》中一清二楚地解释出来。

如此种种，李时珍既"搜罗百氏"，又"采访四方"，搜求民间验方，观察并收集药物标本。经过长期的实地调查，他搞清了许多药物学存在的疑难问题，终于在万历戊寅年（公元1578年）完成了《本草纲目》的编写工作，先后历时27年。

全书约有190万字，52卷，载药物1892种，较旧箸新增药物374种，载方10000多个，附图1000多幅，成了我国药物学的空前巨著。其中纠正前人谬误甚多，在动植物分类学等许多方面有突出成就，并对其他有关学科（生物学、化学、矿物学、地质学、天文学等）也做出不小的贡献。达尔文称赞它是"中国古代的百科全书"。

智者心语

耐住了寂寞，守住了繁华，人生便已完整。

由此可见，寂寞不是百无聊赖、无所事事，也不是散淡与停滞，更不是所谓的孤独或寂灭。真正的寂寞是一种不凑热闹、不赶时髦、不追风潮的生活境界和生存方式。只有沉得住气的人，才能收获冷静和智慧，不为浮躁世俗所左右，在充足的思考空间中沉淀、积蓄，厚积而薄发。

相比于家喻户晓的名作《围城》，钱锺书先生的《管锥编》似乎并没有引起十分热烈的关注。而更值得我们注意的是，《管锥编》的写作环境恰好反映了钱老为人淡泊、寂寞治学的品格。

《管锥编》是一篇体大思精、享名于世的笔记体学术巨著。在本书中，钱先生对《周易》《毛诗》《左传》《史记》《太平广记》《老子》《列子》《焦氏易林》《楚辞》，以及全上古三代、秦汉三国六朝文等古代典籍进行了详尽而缜密的考疏，范围由先秦迄于唐前，涉及音韵、训诂、经义、比较文化等多门学科。

从 1969~1972 年，整整 3 年的时间里，钱锺书老先生不以物喜，不以己悲，在默默无闻的状态下，一字一句地写成了《管锥编》。

万千个普通人，活在人世间没有人能保证将来一定会成功，而他们的选择是耐住寂寞。寂寞不是消极厌世、颓唐沮丧，而是对追名逐利、浮躁骄矜的一种睥睨，是对市侩俗气、纸醉金迷的一种鄙视，是在宁静淡泊、耿介拔俗中默默耕耘的一种精神境界。

第十三章　心宽如海，心平气和
——淡泊人生平静安宁

　　心不平，则气不顺，气不顺就会生气，一旦生起气来，
人就会缺乏理性，容易伤人误己。等到事后平心静气想来，
又会懊恼自己当时为什么要生气，以至于落得如此尴尬境
地。其实，一切都只不过是因为你心胸不够宽、心气不
够平。

1.潇洒的人生需要一点气度

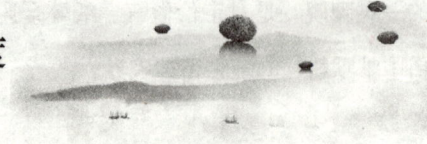

　　愤怒不仅仅是情绪上的发泄，更是让人的心灵变得丑恶的罪魁祸首。愤
怒不但会让人自乱阵脚，更会让人滋生仇恨。

　　有时候，因为愤怒，一切理智都将燃烧殆尽，人们一旦失去了准确而理
性的判断，只会走向危机。反过来说，如果你能够克制住情绪不愤怒，那么
你就能够保持理性的思维，就会避免一切危机和绝境。

　　愤怒于我们百害而无一利，对改变自己的困境和现状没有任何实质性的
帮助，还有可能因为愤怒产生的慌乱而造成不可弥补的错误。我们唯有保持
平和的心，不愤怒，才能进行最客观而理性的思考。

春秋时期，郑国的国君郑庄公虽然身为君王，却不被自己的母亲喜欢和看重。原来，他的母亲在生他的时候难产，差一点儿丢了性命，为此一直认为他是个不祥之人。

郑庄公有一个弟弟叫共叔段，非常受母亲的宠爱，他母亲还试图劝说郑庄公的父亲把王位传给他。最后，虽然她的劝说没能成功，但仍然十分袒护小儿子，想尽办法为小儿子谋权利和地盘，甚至还要求郑庄公把京城一半的土地分给共叔段。对于一个君王来说，怎么能容忍这样无理的要求呢？但郑庄公没有一点儿愤怒，答应了这个要求。

在许多人看来，他对此应该愤怒，他也有权愤怒，同是母亲的儿子，自己却没有感受到丝毫的母爱，还受到了母亲这样的排斥；他应该愤怒，愤怒自己的母亲帮着弟弟滋生谋反忤逆之心，但是他保持了自己的理智，决定不动声色。然而，他的处处妥协不但没有换来母亲的不忍，反而使她更加张狂地帮助共叔段扩张权势。

当朝臣子有的实在是看不下去了，便劝郑庄公讨伐共叔段，但郑庄公只说了一句话："多行不义必自毙，子姑待之。"原来，郑庄公一直在暗中做着准备，他明白，如果自己公然讨伐弟弟，很可能授人话柄，认为自己是不仁不义之人，而讨伐自己的弟弟则必定会涉及自己的母亲，这样他又会成为一个不忠不孝之人。所以他要等一个名正言顺的理由。

终于，在他母亲和弟弟意图谋权篡位的阴谋显现之时，郑庄公一举讨伐，拿下了共叔段。

愤怒不能改变任何既定的事实，如果这个事实让人愤怒，那么就要学会平复心中的愤怒，

智者心语

有委屈、有不平，才是人生的常态。多一些气度，多一分幸福。

因为愤怒不能帮你找到任何解决方法。其实只要将心放宽一些，让心态变得平和一些，自然就能解开心结，不会因为愤怒而做出错误的行为。

西晋司马炎当朝时期，有一名战功显赫的将军叫石苞。历朝历代，手握兵权的将军都有着非常重要的地位，也非常容易招致君主的怀疑，石苞正处于这样的位置。当时天下大乱，还并未统一，吴国也占有一隅之地，经常进犯西晋。石苞作为当朝大将，为了防止吴国进犯，常年驻守边境。

正所谓山高皇帝远，更何况他手握兵权，这就给了小人以可乘之机，那些妒忌石苞的人便开始在他背后污蔑、诋毁他。其中一人就是王琛，他对司马炎说石苞怀有二心，有谋反的意图。恰逢这时，崇信风水的司马炎听到了一名风水师的预测，说边防之地将有大将谋反，如此一来，他便开始怀疑石苞。虽然石苞历来是个靠得住的人，但处在君主的位置上，他不得不防。

没多久，司马炎收到了吴国将大举进犯的消息，此时石苞派出的探子也给他带回了同样的信息，于是他把全部心思都放在了部署备战上。

没想到这更增加了司马炎的怀疑，因为敌人来犯的消息还不曾传出，而石苞此时部署备战岂不是为谋反作准备？于是司马炎集合了自己的军队前去征讨，一心为国却遭到君主怀疑的石苞遇到这样的情景当然应当愤怒。但理智战胜了愤怒，他还是平复了自己的心，然后放下武器，独自出城，没有任何反抗，也没有任何辩解。

司马炎并不是一个昏君，他在得知此事后进行了一番思考，原本石苞谋反就只是一个传言，但如果他真的要谋反，又怎会不战而降呢？而且直到最后，吴国的援军也没有赶到。如此思考过后，司马炎终于解除了对石苞的误解。

其实，石苞当时手握重兵，一旦愤怒，完全是有能力将误解变成现实，但是他没有这样做。因为他及时平息了心中的愤怒，所以才能进行理智的思考，最终也证实了自己的清白。

愤怒足以燃烧一切，愤怒是一把自我毁灭的大火。只有看清了形势，才能找到解决的方法，要想做到不怒不乱，就要平复心中的怒火，心宽一点儿，便能平和一点儿，便能抑制住自己心中的愤怒，让头脑一直保持清醒。

2.排除杂念，给心灵一份纯净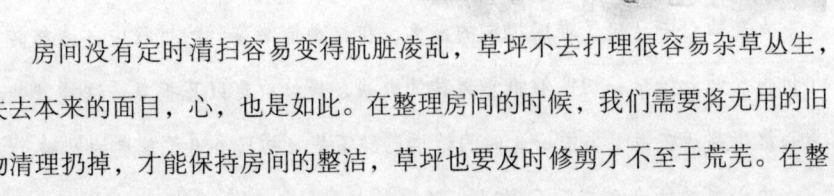

房间没有定时清扫容易变得肮脏凌乱，草坪不去打理很容易杂草丛生，失去本来的面目，心，也是如此。在整理房间的时候，我们需要将无用的旧物清理扔掉，才能保持房间的整洁，草坪也要及时修剪才不至于荒芜。在整理我们心灵的时候，就要及时修剪那些疯长的杂草，抛弃无用的东西，这样才能让我们有一颗纯净而美好的心灵。

愤怒，便是我们心中需要修剪的杂草。在现实生活当中，我们难免会遇到让人愤怒的事情，如果放任这种情绪在我们心中蔓延，那么愤怒最终会变成仇恨，寄生在我们心中，成为我们心灵的一部分，使我们原本纯净的心灵受到污染。

有一个非常美丽的女孩，不仅仅是外表，她还有着美好的心灵。这个女孩因为温柔善良、平易近人而受到了很多小伙子的爱慕。其中，有一名优秀的男孩终于勇敢地向她表白了，被打动的女孩接受了他的示爱，两个人很快走到了一起。

开始的时候，他们的爱情甜蜜而幸福，但是随着时间的流逝，两个人的感情出现了问题。通过交往，男孩发现了问题：女孩外表看似柔弱，内心却很刚强，遇到问题也总是想办法自己背负。男孩希望能够保护自己心爱的人，他认为女孩子应该是小鸟依人的。找到了问题所在的男孩发现，也许他们两个人并不合适。

终于有一天，男孩提出了分手，女孩很坚强，没有哭，但这并不代表她可以接受，她非常喜欢男孩，甚至有些疯狂，对于男孩提出的分手，她无论怎样都不肯点头答应。为了挽回爱情，她不管男孩怎么想，一直纠缠男孩，甚至还指责男孩不负责任。对于这样的女孩，男孩产生了厌恶。有一天，女孩发现男孩和另一个女孩走在了一起，此时的她才明白两个人已经没有可能了。

女孩的心中升起了难以熄灭的怒火，在这种情绪蔓延的过程中，愤怒转为了仇恨。她开始想一切能够报复男孩的方法，最终决定以死报复，这样就能让男孩终生都活在悔恨当中。此时的她早已经不是当初那个温柔善良的女孩了。

决心自杀的女孩来到了桥头，跳江的她被一个好心的船夫救上了岸，船夫问她为什么要轻生，她说："我男友背叛了我，他曾经说爱我，现在却和其他的女人在一起。没有了他，我的生活再没有任何的希望，我死了，他就会愧疚，永远对我感到愧疚！"

船夫笑了，说："你还爱他吗?"

女孩答道："我很爱他，但他还是背叛了我。"

于是船夫又说："既然你爱他，为什么要报复他? 孩子，你已经被愤怒蒙蔽了双眼，看不到原来的自己了啊。"听了船夫的话，女孩沉默了。

原本善良、温柔的女孩由于放任自己的不

智者心语

心灵的空间往往充斥着许多纷扰，放空心灵，换自己一片纯净。

良情绪蔓延，最终变得面目全非。我们有时难免会有一时的愤怒，这是正常的，但是如果我们一直放任它蔓延，不去整理的话，最终，我们的心灵就会被像杂草一样疯长的不良情绪所吞没，失去原来的自我。

在美国，有一条跨越 20 年的新闻。

20 年前，建筑界的巨头凯迪和飞机大王克拉奇是非常要好的朋友，凯迪有一个女儿，克拉奇有一个儿子。两个孩子年纪相当，所以他们两人决定促成子女的婚事，让他们的关系亲上加亲。

虽然凯迪和克拉奇的愿望非常美好，但事实却并不如他们的心意，他们的孩子并没能像他们两人一样关系和谐，相反地，还经常争吵，时常出现不和。凯迪和克拉奇虽然尽力撮合，但也没能缓和两个孩子的关系。

终于有一天，悲剧发生了，凯迪的女儿被人毒死了，经过警方的调查，证实了凶手就是克拉奇的儿子。瞬间，凯迪处在了崩溃的边缘，两家的友好关系也到此为止了。

虽然克拉奇感到愧疚，但还是尽全力希望保释儿子，而他的儿子也坚决否认杀人的事实。本就处在崩溃边缘的凯迪因为这样的情况更加愤怒了，他用尽一切手段来证明克拉奇的儿子有罪，克拉奇则尽全力想要减轻儿子的罪行，然而最终克拉奇的儿子仍然被判处了终身监禁。

为了给自己的儿子减刑，克拉奇争取凯迪的原谅，以便能够为儿子求情，他总是通过生意给凯迪便利。陷在愤怒和仇恨中的凯迪并不好过，他感受着曾经老友的痛苦，却也放不下心中的仇恨，就这样，他度过了漫长的 20 年。

凯迪和克拉奇虽然身为美国上流社会的风云人物，但是自从事情发生后，笑容就从他们脸上消失了。20 年过去了，经过翻案和调查，发现凯迪女儿的死和克拉奇的儿子毫无关系。命运开了一个巨大的玩笑，在知道事实真相之后，面对媒体，凯迪说出了自己的心里话，他说："我永远无法弥补这20年里所受到的心灵上的折磨。"

凯迪因为放任自己的愤怒发展，积淀了自己的仇恨，而让自己的内心遭受了20年的折磨。其实，很多事情都会随着时间而变淡，愤怒和仇恨也是一样，如果你不能将自己心中的愤怒放到时间的流水中，那么随着时间的推移，愤怒只能堆砌成仇恨。仇恨是一把双刃剑，在伤害别人的同时也会让自己遭受折磨。与其这样，不如早些放下。

宽容一些，平和一点儿，学会试着接受一些事实，及时整理心中的杂草，才能避免我们的心向着不可挽回的方向发展。及时清扫心里的各个角落，才能让我们远离自我折磨，过上恬淡而幸福的生活。

3.放宽心，莫计较

有的时候，人们难免会在消极的情绪中迷失，因为一时的情绪失控很有可能影响到人们的思维和理性，最终沉溺其中难以自拔，心灵也就在这些消极的情绪中迷失了方向。于是，我们伤心、愤怒，以至于找不到心灵的路标，感到疲惫不堪，无所适从。其实，一切皆因我们不能将心放宽。

有一条美丽的小鱼，在它很小的时候就被渔人捕到了。渔人看它长得很可爱，便将它当作生日礼物送给了邻居家的小女孩。小女孩从此有了玩伴，她小心翼翼地把小鱼放在一个精致的鱼缸里养了起来，整天与小鱼朝夕相处。

然而，小鱼并不快乐，因为这个鱼缸太小了，游起来总会碰到鱼缸的内壁，这时小鱼就会十分不悦地甩一甩尾巴躲开。

小鱼越长越大，也变得越来越漂亮，小女孩就更喜欢它了，可是这个鱼缸对它来说就显得更小了，甚至连转个身都很困难，小鱼就更加烦闷了，甚至连动一下身子都不愿意。小女孩似乎看出了小鱼的心事，有一天，将它从水里捞出来，放到了一个更大的鱼缸里。

小鱼终于能游动身体了，可没过几天，它发现自己仍然游不了几下就能碰到内壁。当它碰到内壁的时候，又会心情不爽。它实在讨厌极了这种转圈圈的生活，索性悬浮在水中，一动不动，也不进食，一心求死。

女孩看到小鱼这个样子心里非常着急，便把它放回了大海。它在海中不停地游着，可心中依然快乐不起来。一天，它游碰到了另外一条鱼，那条鱼问它："你看起来闷闷不乐的样子，难道在这无边无际的大海里生活得不够自由吗？"它叹了口气说："唉，这个鱼缸太大了，我怎么也游不到边上了！"

就像在鱼缸里待久了的小鱼一样，它的心变得跟鱼缸一样小，因此不敢有所突破。等到有一天，到了更为广阔的空间，已变得狭小的心反倒无所适从了。其实，心有多大，世界就有多大，如果不能打碎心中的壁垒，即使身在海洋，你也找不到自由的感觉。

心灵需要一个港湾，需要一个家，唯有心平如水，才能够帮自己的心灵寻找一个港湾。每个人都有自己的价值，如果太在意那些外在因素，往往就看不清眼前的一切，包括自己的价值。如果能够让心态平和一些，找到自己的价值，才能为自己创造出一片属于自己的天地，才能让迷失的心灵找到归途。

现实生活中，有的时候人们会自寻烦恼，常常无法面对自己不能胜任的事情或是自己的弱点缺陷，并为此沉浸在消极颓废的情绪中。殊不知，这样一来，往往也就忽略了自己本身的优点。心情也是一样，如果总把眼睛盯在那些消极和不完满的方面，那么你就永远无法快乐起来，这并不是因为没有能让你快乐的东西，而是你把快乐忽略了。

4.做自己，做最好的自己

人们对于攀比似乎总是乐此不疲，对于不如自己的人，倒是可以慷慨地拿出同情心和爱心，但是对于比自己强的人，却不能平和以待，就会出现妒忌、愤怒等各种消极的情绪。

很多时候，我们之所以感到生气、烦闷、不幸福，往往是因为眼睛只盯着他人过得如何好。其实，每个人都有自己的辛酸和苦楚，他人风光的背后说不定隐藏着常人难以想象的艰难，而我们又何必盯住不放，乱了自己的步调呢？他人强，就把他当成风拂山岗一样，走好自己的路才是明智之举。

众所周知，佛陀历经了无数次的轮回，最终才修成正果。一次，他十分好奇世上的众生对于自己此世的修行是否满意，于是他就问了天下苍生一个问题，如果给他们重新选择人生的机会，他们将如何选择，结果众说纷纭，答案也出乎佛陀的预料。

猪说："如果有来生，我愿做一头牛，虽然每天辛苦劳作，起早贪黑，但是却能获得勤劳的美名，而猪却被人们认为是愚蠢的象征。虽然我们不用劳动，但是每天担惊受怕，生怕哪一天就被送到屠刀下。"

牛说："如果能重新活过，我选择做一头猪，我们每天都累死累活地工作，才能换得食物，而猪每天只需要吃了睡，睡了吃。"

猫说："如果有来生，我选择做老鼠，虽然主人供养我们，但是如果没能逮到老鼠，也会面临着被遗弃的危险，如果我们偷吃了东西，就会被教训。哪有老鼠那样自由自在？"

老鼠却说："如果能重新活过，我就做猫，每天游戏一般地欺负老鼠，有主人供养，哪里像我这样，为了一口吃的都要冒着死的危险。"听了动物们的话，佛陀又问了人，没想到，人也表达了同样的意思。

佛陀听完之后，只是叹了口气，说道："芸芸众生为什么总以他人之长比自己之短？如果这样，来世又怎能丰富充实？"

其实换个角度来看，上面的故事说明了这样一个道理，即每个人都有着别人羡慕的地方，自己并非是一无是处的。这就是在告诉我们，不能只看到他人的长处，他人强是他人的事，自己还要走自己的路。要想过好自己的生活，就要将心态放得平和一些，这样才能够不去过于关注他人的强项，于是忌妒、羡慕等令人烦恼的种种就像是微风吹过一般，并不能在自己的心中引起惊涛骇浪。

过于关注他人的"强"，自然就会在意自己的"弱"，其实你并没有那么弱，这一点，只有等你不再在意他人的强时，大概才会领悟。

从前，有3个女孩，她们志趣相投，非常

合得来。她们喜欢一样的衣服，都爱好画画，甚至连喜欢的颜色都相同。就是这样彼此默契的3个女孩，升入高中以后，陷入了友情危机。原来3个姑娘喜欢上了同一个男孩，男孩长得帅气，开朗又阳光，她们都被他迷住了。

于是3个女孩约定，从那时候开始，各尽自己的所能去追求属于自己的幸福，如果有一个女孩成功了，那么另外两个女孩就要祝福她。约定达成，她们便开始了各自的努力。

男孩恰巧也喜欢画画，于是她们都决心和男孩考入同一所大学。激烈的竞争开始了，但是竞争似乎只发生在其中两个女孩之间，而第三个女孩表现得非常从容，她还像往常一样按照自己的步调进行，不去关注另外两个女孩的举动。另一方面，开始激烈角逐的两个女孩甚至因为对方穿的裙子让男孩多看一眼，就会在心中产生愤怒甚至是忌妒，然后伺机报复……

日子很快过去了，3年后，两名互相竞争的女孩因为没有把心思花在学习上而高考失利，最终目送第三个女孩和心爱的男孩进入同一所大学。回头看，两个互相竞争的女孩已经再没有了友谊，从前的美好再也回不来了。

为了追求属于自己的幸福而做出相应的努力本身没有错，只不过前两个女孩太在意别人的言行而忽略了自己。第三个女孩就做得很好，她从不去看别人做了什么，只注意自己的步调，所以才能按计划向着目标前行，最终实现了愿望。

他人强，就由着他人强，自己按照自己的步调前行未必不能超越他。只要将心态放平和一些，自然就不会被那些不必要的东西扰乱了心智。心态平和一点儿，心宽一点儿，自然就不会太计较其他了。这时，当你遇到任何事情，也都能像清风拂面一般，不会影响自己前行的步伐。

第十四章　执着向上，清静安宁
——淡泊人生随心随性

　　做一个充满阳光的人，驱散抱怨的阴霾。生活中，总会遇到许多烦恼，不抱怨，方能获得属于自己的一片晴空。心里的抱怨多了，就装不下幸福和快乐；心里充满了阳光，有了正能量，生活自然充满幸福感。少些抱怨，多些阳光，做个幸福、淡定的人。

1.悦纳苦痛，方得甘甜

　　常言道："生活百味。"生活中除了让我们感到幸福的事，也有让我们感到不幸的事。有时我们无法选择，不过顺境也好，逆境也罢，都是人生的一种经历。生活并不会因为我们对困境的惧怕而给我们任何特权。我们乐于接受顺境，但是我们也要学会悦纳逆境，因为没有品尝过苦的人，不能深刻地理解甜。只有经历过困境，才能享受生活的幸福，阴雨过后才会是晴天。

　　世人都要经历困苦，因为有苦，才会有甜。没有人能够一帆风顺地生活，没有任何烦恼。面对困境，我们可以淡然以对，没有不放晴的天，一直抱怨只能让自己时时痛苦，看淡一些，困境对我们的折磨也就小一些。

从前有一个商人，他虽然起早贪黑地工作，但是仍然没有太多的钱。有一次，他到一个庙中祈福，希望自己可以富有起来，祈福之后，他按规矩添了香火钱。回到家后他开始想，为什么和尚什么都不用做就能衣食无忧？自己每天都这么辛苦地工作却没有相应的回报？之后的很长一段时间，他都在抱怨上天的不公。

偶然的一天，一名僧人到商人家去化缘，想到自己起早贪黑只能勉强度日，而和尚却可以通过这样的方式谋生之后，他萌生了出家的想法。没过几天，他就抛弃了家业，做了一名苦行僧，靠化缘生活。

刚开始，商人抱怨着之前的生活，随着时间的流逝，他的注意力集中在了眼下的生活上。化缘并不是想象中那么容易的事情，此时的他已经无暇抱怨曾经的生活，转而开始抱怨起了做苦行僧的艰难。随着他游走的地方增加，他见识了很多幸福和不幸福的人，渐渐地，他不再抱怨，终于，他变得平静。通过旅程中见到的人们，他悟出了一些道理。

终于，已经成为僧人的商人在一个地方停了下来，用茅草搭建了非常简陋的庙宇，自己伐木雕了佛像。在那里，他为有着像自己曾经一样烦恼的人排疑解惑。虽然生活异常辛苦，但是他不再抱怨。因为庙宇太过简陋，所以每到雨天就会漏水，信徒们抱怨庙宇的简陋，考虑过后，他开始着手募集善款修建庙宇。

智者心语

顺境淡然自如，逆境不屈不挠，人生自然精彩无限。

随着信徒的增加，人们又自主募集善款雕塑了精美的佛像。后来又开始有信徒在这里出家。在生活越来越好的时候，僧人已经不再注重物质需求了。当他成为一名得道高僧，成为住持之后，才发现现在的自己已经走出了困惑和不幸。

　　我们总是抱怨困难给我们带来的一切烦恼，所以一直不能忘记自己的不快，觉得困境难以改变，就像故事中的商人一样，他只活在自己的抱怨当中，而当他成为得道高僧，学会悦纳一切的时候，他自然就会走出困境。我们在生活中也是如此，不要总是抱怨眼前的一切，学会开心接受，畅想一下未来，困难很快便会过去。

　　从前有一位优雅而美丽的妇人，她丈夫去世之后，她便带着大半生的积蓄离开了那个伤心之地。到了一个美丽的小镇，她停了下来，决定在那里开一间美容院开始新的生活，度过余生。没想到意外发生了，在她刚下火车的时候，小偷偷走了她的钱。在发现事实之后，她慌了手脚，不知道应该怎么做了。

　　这个事实对妇人的打击实在是太大了，不过她还是很快就平静了下来，没有抱怨一句。她想，我只不过丢了钱，除了钱，我还有很多，我还有朋友，抱怨不但不能找回丢掉的钱，还会让自己成为一个怨妇。这样想过之后，她坦然接受了这个事实，然后第一时间联系了家人，没多久，她又在这个城镇联系到了曾经的朋友。

　　经过一段时间的奔波，妇人借到了钱，虽然不足以开美容院，但是足够摆起一个小小的摊位。她开始在街边支起了摊子，卖一些经济实惠的化妆品。她非常努力，无论生活如何艰难，她都笑脸迎人，没有一句抱怨。

　　经过了几年的积累，妇人终于开起了自己的美容院。因为她总是笑脸迎人，从不抱怨，所以尽管她已不年轻，但是依然优雅美丽，她成了自己美容院的广告，生意也越来越好。后来她又开了第二家店……最终，她在那个城镇成了名人，有了自己的品牌连锁店。

困境可能会捆绑住我们的手脚，却不能捆绑住我们的心，即使生活有时不尽如人意，我们也能想到办法。遇到问题的时候，我们要积极地想解决问题的办法，而不是抱怨，先解放我们的心，才能解放我们的生活。生活给予我们的一切，我们要学会接受。保持平常心，不被困境所束缚，就能够活出自己的幸福。

苦尽才能甘来，我们要秉承这个信念渡过难关，而不是抱怨着挨日子，我们要学习故事中的妇人，在困境面前潇洒一些，用自己宽广的胸怀接受生活带给自己的不圆满，用平和的心去感受生活，那么就一定能够听到幸福的敲门声。

2.大度些、淡定点，生活有光彩

因为我们有时过于在意得失，因此产生抱怨，因为我们以自己为中心考虑问题，因此我们抱怨的话题总是源源不断。我们的私欲和偏情衍生出了抱怨。事实上，没有人喜欢爱抱怨的人，可是有的时候我们又不自知地产生抱怨。想要消除抱怨，就要找到抱怨的源头，知道了原因，事情就变得简单多了。只要舍弃掉自己的私欲和偏情，抱怨自然就会消失。

有的时候，如果能够试着从别人的角度来考虑问题，就能够有效抑制住自己的抱怨，冷静下来的自己就有可能找到解决问题的良方。

卡耐基是一位很有名的人际关系交往家。有一次，他为了一个系列的讲座租用了一家酒店的宴会厅，准备在那里展开他的课程。

正当一切有条不紊地进行时，问题出现了，酒店的经理给卡耐基发了一个要将租金涨到原来价钱3倍的通知。当时在这个酒店办讲座的入场券已经印好并且发出，没有足够的时间来改换地点。在这个时候收到这样的通知，简直让人抓狂。尽管是经理见财起意，非常不道德，但是他更清楚抱怨不能起到任何作用，而且饭店的普通员工也没有权力改变经理的决定。考虑过后，他决定找到酒店经理重新商讨一下。

这天，卡耐基找到了酒店经理，首先，他对经理为酒店创收的这种做法表示理解，然后他拿出了一张纸。经理见卡耐基通情达理，没有责怪他的意思，非常高兴，正当他准备开口说一些感谢的话的时候，卡耐基开口了，他对经理说："现在请允许我为您算一笔账。"之后他在纸上画上了一条中线，然后在一边写上了"利"，另一边写上了"弊"。

在经理疑惑的目光中，卡耐基说："如果宴会厅用来办舞会，您能够收益更多，因为讲座的收入比较少，如果我占用半个月以上的时间开办讲座，那么您的收益会比开舞会少很多。从这点来看，增加3倍租金是明智的选择。"说完，他将这点写在了"利"字的下面。接着他又说："现在可以考虑，假如为了保证您的收益不变而坚持增加3倍租金的话，那么您的收益将大大降低，因为我无法负担这么昂贵的租金，所以只能另寻其他地方。"

说着，卡耐基将这点写在了"弊"字的下面。写完了这一切之后，他说："虽然您的收益不能瞬间增长，但是我的讲座也会为您吸引到很多潜在的客源，这比广告宣传要有用得多，从长远来考虑的话，这样利益最大，不是吗?"酒店经理考虑了一会儿，将租金降了下来。

现实生活当中，难免遇到像故事中那样的变故，即使错不在自己，抱怨也不能解决问题，因为在抱怨的过程中，我们是站在自己的立场考虑问题的。抱怨无法协商问题，想要解决问题，就要站在同一个立场，这也就是说，要先抛开私欲和偏情，才能客观地看待问题，进而找到解决的方法。

有一名工作经验丰富的年轻人准备到一家非常有名的公司应聘。那家公司的待遇很好，工作环境好，发展潜力也很大。为了这些，他毫不犹豫地辞去了先前的工作。先前的公司所给的工资并不高，至少没有达到他理想的水平，中午的工作餐也让他觉得难以下咽。有时甚至需要加班才能完成工作，明明自己富有才华，却一直没有升职，他觉得自己的上司忌妒自己的才华。因为这些，所以他对曾经工作过的公司没有任何留恋。

因为年轻人的高学历、丰富的实践经验，以及超群的工作能力，所以他对新公司的面试很自信。笔试结束后，面试官和他谈了话，在面试官问他为什么辞去先前的工作时，他就像找到了知音一般，将自己一肚子的苦水全部倒了出来。

面试官问年轻人："那么请问您觉得您给您上一个公司带去的价值是多少呢?"虽然是一个简单的问题，但是他却被问住了，因为他平时除了埋头工作之外，就只是抱怨自己的工作和生活，对于自己的工作成绩并不清楚。

最后的面试结果让年轻人失望了，因为他没能成为佼佼者脱颖而出。

面试官对年轻人说："您的专业水平确实很高，但是面试时发现您比较喜欢抱怨，抱怨着公司给您的一切都不是您想要的，对比过后，我们发现其实我们两家公司的体制很相似，所以我想您即使换了环境也会有相同的想法。而且最重要的一点是，我们希望找到一个能够为我们公司创造利益的人，而不是仅仅考虑我们公司能够给他些什么待遇的人。"

我们时常像故事中的年轻人一样，因为抱怨着别人对自己的不公，而忽略了自己正在走的路，检视一下自己是否偏离了方向。由私欲衍生出来的抱怨蒙蔽了我们的眼睛，如此，我们就只会跟着抱怨走，迷失了自己真正的方向和进度。不要总是抱怨他人带给我们的不公，偶尔客观地看看自己还有什么不足，就能够放下不必要的抱怨。

消除抱怨，只需抛弃一时的私欲和偏情，不要总是去计较得失。因为我们心胸狭隘，才会只看到自己。所以，将眼光放得长远一些，心胸宽广一些，我们自然能够摆脱烦恼。

3.窄与宽，一念之差，谬之千里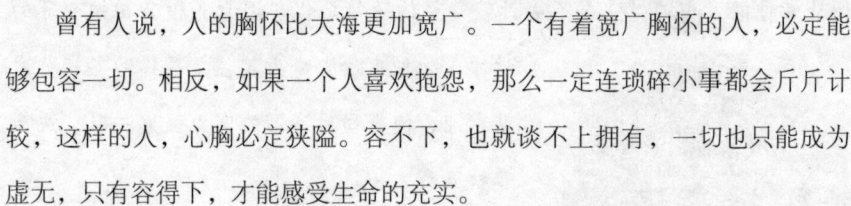

曾有人说，人的胸怀比大海更加宽广。一个有着宽广胸怀的人，必定能够包容一切。相反，如果一个人喜欢抱怨，那么一定连琐碎小事都会斤斤计较，这样的人，心胸必定狭隘。容不下，也就谈不上拥有，一切也只能成为虚无，只有容得下，才能感受生命的充实。

在生活当中，我们可能会遇到志同道合的朋友，同样也会遇到和自己有过节的人。通常情况下，我们会选择报复或是躲避和我们有过节的人，结果往往躲之不及。其实，敌人未必就是永远的敌人，我们还可以有另一个选择，就是包容敌人，化敌为友。

在春秋时期，公子纠和公子小白曾为了争夺齐国王位而站在对立的位置。管仲和鲍叔牙虽然都是有才之士，但站在不同的利益集团各事其主。管仲在公子纠旗下，而鲍叔牙在公子小白的阵营之中。

在双方交战的时候，管仲险些要了公子小白的性命，所幸只是射中了小白衣带上面的钩子，使得小白幸免于难。不久之后，战争结束，公子小白获胜，成了历史上有名的齐桓公。

齐桓公即位后，鲍叔牙因为辅佐有功，齐桓公有意立他为相国。然而鲍叔牙认为曾经和他们敌对的管仲比自己更适合担任相国，虽然曾经是敌人，但却是一个可用之才。为了国家社稷，鲍叔牙力荐管仲。

鲍叔牙心胸宽广，如实对齐桓公说："虽然我辅佐您登基，但是管仲比我更适合担任相国这个重要的职位，因为他在很多方面都比我更强大。他能够收拢民心，做到安民，我做不到。他对治理国家也比我更有见地，能够保证国家的利益。他能够制定礼仪法度，我却做不来，战争的时候，他能够鼓励引导人们，而且还能指挥战争，我也不如他。所以他比我更适合做相国。"

齐桓公也是一位心胸宽广之人，考虑过后，他觉得鲍叔牙说得有道理，便让管仲做了相国，完全不去计较曾经的一箭之仇。因为齐桓公和鲍叔牙的爱才，管仲也尽心尽力辅佐，最终助齐桓公成就霸业，使得当时齐国的实力强盛一时，成为春秋五霸之一。

智者心语

宽看事物，事物宽；窄看事物，事物窄。宽广胸怀，包容天下。

知人善任，成就了齐桓公的霸业，更重要的是齐桓公有着宽广的胸怀，所以才能成为有着丰功伟绩的明君。四处树敌只能使得自己的朋友越来越少；广结善缘，才能让自己的世界越来越大。学会宽容，才能成就我们的人生。

宽容是一种能力，如果我们有着悦纳百川的胸怀，那么烦恼也好，忧愁也好，什么都不会成为我们的阻碍，而幸福、美好也会进入我们的心中。反过来说，如果什么都容不下，那么最终将一无所有。

战国时期的魏国大将庞涓是一个战功显赫的将军，曾经率领魏军北拔邯郸，西围定阳，横行一时，甚至险些将赵国的一部分领土也收归魏国，除此之外，他还收复了魏国全部的失地。

庞涓的实力非常强大，但同时他有一个致命的弱点，就是他的心胸非常狭隘，容不得其他有才能的人。即使是曾经的同窗，他也一样不能容忍。他梦想成为历史上继吴起之后的第二个优秀的军事家，为此，他不惜残害同窗孙膑。

庞涓虽然身为大将，却容不得其他有才之士，也因为这样，所以难以成就大事。曾遭庞涓残害的孙膑加入了与之敌对的阵营，最终庞涓败于孙膑之手，魏国的强盛也随着他的消亡而衰落，曾经的一切湮没在历史的长河之中。

孙膑是有才之士，如果庞涓有着宽广的胸怀，懂得招贤纳士，那么历史也许会被改写。没有人能够仅靠自己的力量战胜一切，只有宽容才能为自己赢得他人的信赖与帮助，用宽广的胸怀去接纳，用平和的心态去容忍，自然能够获取成功的人生。

4.烦恼面前，一笑而过

　　生活不可能事事如意，有时难免会有烦恼，也许是工作上的，也许是生活上的。如何应对烦恼就成了我们需要思考的问题。其实答案很简单，我们可以选择一笑而过，因为烦恼没有什么大不了，和曾经所经历的大风大浪相比，烦恼的只是微不足道的小事。

　　因为一些烦恼而抱怨，只能让自己变得更加烦躁，通常情况下，小小的烦恼并不足以影响我们幸福的生活，所以不妨乐观一点儿，一笑而过，这样烦恼也能很快被我们遗忘。我们可以将烦恼看作是生活的一款调味剂，在我们感到麻木、疲惫的时候，烦恼可以提醒我们不要忘了生活当中的幸福。

　　曾经有一次，美国前总统罗斯福家中失窃，丢失了很多贵重的物品。照常理来看，他至少应该烦恼抱怨一阵子，毕竟无缘无故就让自己蒙受了不小的损失。然而事实出乎所有人的意料。

　　罗斯福的朋友在得知情况后写信安慰他，希望他不要在意这些而影响身体的健康。收到朋友的安慰信后，罗斯福给朋友回了一封信。

　　在信中，他并没有任何抱怨的话，显得非常从容，就像事情没有发生过一般。罗斯福在信中提到，他很感谢朋友，他很好，也很幸福。虽然失窃了，但是好在他们家人身体健康，贼只是窃取了他们的财富，并没有危及他们的生命安全。虽然贼偷走的东西有很多，但那并不是他财产的全部。最重要的是，做贼的是那个人而不是自己。

罗斯福明白丢了的东西无法找回，所以干脆不去想这些让人烦恼的事。在遇到让我们烦恼的事情时，我们应该想办法为自己消除烦恼，而不是时时抱怨让它们日益膨胀起来。任何事情都有两面性，我们可以选择从乐观的视角来看待，笑一笑就能过去，无须为了一点儿烦恼而给自己的幸福平添瑕疵。

有句话说得好，幸福的人同样幸福，不幸的人各有各的烦恼。虽然出现的问题不同，解决的办法也不同，但是在烦恼面前，我们能够抱持相同的态度，不管是怎样的烦恼，我们都选择乐观面对，不去抱怨才能让我们脱离烦恼的苦海，才能让我们不至于被一时的烦恼扰乱了步调。

5.远离抱怨，还心灵一份自由

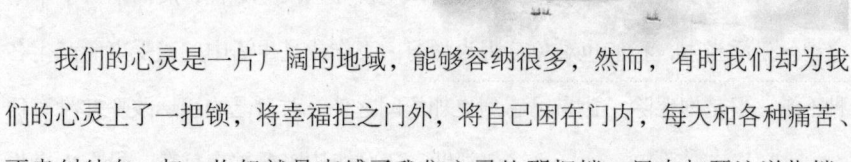

我们的心灵是一片广阔的地域，能够容纳很多，然而，有时我们却为我们的心灵上了一把锁，将幸福拒之门外，将自己困在门内，每天和各种痛苦、不幸纠结在一起。抱怨就是束缚了我们心灵的那把锁，只有打开这道枷锁，我们才能得到解脱。

打开抱怨枷锁的钥匙其实就在我们自己手中，只是我们总试图绕远路通过，而没有想到去打开枷锁。在现实生活当中，一些琐碎成了我们抱怨的素材，总是在意这些，只能让我们看不到幸福，甚至忘记了曾经的美好。

有一对相爱的年轻人，他们的爱情遭到家人的反对。女人的父母担心男人给不了女儿优越的物质生活，怕孩子受苦，而男人的父母则嫌弃女人十指不沾阳春水，担心自己的儿子在婚后会受苦，所以两家的父母都坚决反刈。但是两颗年轻的心却日益靠拢，最终他们凭借他们忠贞的爱情而走到了一起。

他们非常珍惜这份来之不易的爱情。刚开始的日子虽然很艰难，但是他们过得非常甜蜜。虽然工作辛苦，但是女人和男人仍然感觉到了幸福，女人为了心爱的男人开始学习做家务。男人努力工作赚钱养家，女人操持家事，随着时间的推移，他们的物质生活越来越好，但是他们的婚姻却在这个时候出现了危机。

因为工作原因，男人时常回家很晚，女人对此的不满越来越深，于是开始抱怨。本来在外面工作压力就很大，回家后还要遭到妻子的抱怨，男人感到非常疲惫。见自己的抱怨收不到预想的效果，女人开始指责男人，拿朋友的老公来和男人作比较，又拿养尊处优的朋友和自己作比较。面对时时抱怨的妻子，男人越来越不满，于是回家的时间越来越晚，女人的抱怨也越来越频繁，两个人当初的幸福早已不见了踪影。

故事中的女人因为喜欢抱怨，无法享受奋斗出来的幸福，反而陷入了不幸之中。生活当中，我们也难免会因为学习、工作或是生活中的遭受事而产生各种不满，但是抱怨除了让自己感到更加烦闷之外，对自己的境遇改变并没有任何帮助，还可能让境况越来越糟。没有人会抱怨自己的未来，人们所抱怨的只是眼下和过去，既然不能对自己的明天产生任何影响，那就应该释然一些，这样才能把握住幸福。

智者心语

抱怨，生活处处是烦恼；少些抱怨，带着正能量向前。

从前有一个天资聪颖的年轻人，实力超

216

群，有着远大的理想抱负。在他上学的时候，就为自己做了人生的规划，等着进入社会大展宏图。

年轻人终于等到毕业实现自己远大理想抱负的时候了，但是现实并没有他想象中那么美好，职业生涯并不顺利，没有一个公司能让他满意，他反复地换工作环境，无论是什么样的环境，都不能让他安顿3个月。他虽然工作能力很强，但是却很难适应环境，在人际交往方面尤其明显，无论是在哪里，他都会抱怨同事、抱怨老板，心情影响到了他的工作状态，喜欢的工作也不再有乐趣可言，甚至连完成都很勉强。在这样的状况下，他感到自己的未来非常渺茫，对未来也感到绝望。

终于，年轻人不能忍受身边的一切，抱怨着离开了公司，选择外出散心，在路上，他还是抱怨着公司的一切，没有心思欣赏风景。车上人很多，没有座位，在他等了几站后，终于发现一个座位，正当他想上前的时候，边上的一个人抢先了一步，他非常气愤，开始习惯性地抱怨。

这时，年轻人身边的一位老者对他说："小伙子，你看，今天的天真蓝。"他看向窗外，发现天空非常漂亮，万里无云。他忘记了抱怨，忘记了愤怒，这个时候他才明白，因为抱怨，自己放走了许多身边的小幸福。

有时候，我们会对周遭的一些事物感到不适应，就像故事中的年轻人一样，然而，抱怨并不能让我们尽快适应一切，反而会让我们越来越焦躁，没有一颗平常心就难以感知生活当中出现的幸福。其实，生活当中的美好有很多，关键在于我们能否发现美。试去着感受生活当中的美好，让自己尽早挣脱抱怨的枷锁。

生活当中，我们需要保持平常心，面对让我们不满的事情要学会淡然以对，摈弃抱怨，找到生活当中快乐的源头，才能解开抱怨的枷锁，将我们从不幸当中解脱出来。

第十五章　平淡如水，从善如流
——淡泊人生平静恬淡

在五光十色的现代生活中，我们都应该记住这样一个简单的道理：活得简单就是一种享受。每天给自己的心腾出一片空闲，感受春日的温暖、夏日的热烈、秋日的凉爽、冬日的安详，平平淡淡而简单有趣地活着，成就一份如月的从容。

1.拂去心中的浮尘，还心灵一片安宁

鞋子里进了沙粒，就要及时清除，否则会磨伤自己的双脚，成为我们长途跋涉的阻碍。我们心中有时也会有沙粒存在，心中的沙粒浮尘是心灵健康的隐患，所以要及时清除掉。它就像鞋中的沙粒一样，移到心里就衍生出了忧虑的情绪。

因为心中有浮尘存在，所以我们会感到忧虑，只要将浮尘剔除出心灵，我们便能走得坦然一些，如若不然，只能让我们的心饱受一颗微小沙粒的摧残。

有一个为人们熟知的勇者登山的故事。这位勇者是人们眼中的英雄，他

所向披靡，无所不能。

有一次，勇者决定挑战一个极限，去攀爬一座从来没有人登上过的高山。他的这个决定得到了人们的支持，同时也引起了人们的期待。终于，他整理好行装开始攀爬高山，一路上，他遇到了很多艰难险阻，但是他仍然坚持排除万难，勇攀高峰。随着离顶峰的距离越来越近，人们的欢呼声也越来越高，在世人看来，成功已经向勇者伸出手了。

然而结果却让人们意外，勇者没有将自己的手递给成功女神，他中途被迫放弃了。原因也让人们感到不可思议，他放弃了最后的成功仅仅只是因为鞋子中的一颗沙粒。因为他忽略了鞋子中的沙粒，所以导致脚长时间被沙粒摩擦而发炎，受伤的脚无法支持他到达终点，只能选择放弃。

一路上不管如何艰难，勇者都坚持了下来，而最终的成功却仅仅因为一颗微小的沙粒而和他擦肩而过。故事到这里貌似结束了，但事实上，还有着后续的部分。

几年之后，勇者准备再次挑战这座高峰，这一次，他异常小心，因为他过度地小心，使得他产生了忧虑，他担心各种客观因素会影响到自己的行程，让自己再次失败。因为上一次的教训，这次他异常小心沙粒，几乎每走一段路就要停下来脱下鞋子倒一倒，即使鞋中没有沙子，他穿起来仍然感觉脚下不舒服。

勇者一路上都在担心着沙子会再次跑进鞋子里，影响到自己的成绩。长时间忍受这种心理折磨的结果就是他不得不主动放弃。这次，勇者的失败没有任何客观原因，而是忧虑让他处在了崩溃的边缘，最终只能选择放弃。

智者心语

人生的路上总会有一些荆棘，而心中的浮尘就是那荆棘，斩去荆棘，还心灵一份安宁。

现实生活中，我们心中的浮尘都是曾经的阴影，因为难以忘却曾经的失败，当再次面临相同的境遇时，心中遗留的沙粒就会出来作祟，让我们想到曾经的失败，从而畏惧前行。不要太在意心中的沙粒，让自己时刻处于忧虑之中，试着淡忘曾经的失败，自然就能够让心中的浮尘随风消逝。

　　有一个年轻人患上了强迫症，时常感觉到苦闷，却找不到解决方法。在吃完饭洗碗的时候，他总是觉得碗不够干净，怕碗边残留清洗剂，因为新闻上说残留的化学物质会危害身体健康，所以他总是重复好几遍，洗了又洗。

　　每天晚上睡觉的时候，他都会起床好几遍，检查门窗是否上了锁，因为他担心会有人入室抢劫，他想，如果没有锁门，那么他的生命和财产就会受到威胁。

　　每天出门，他都要检查好几遍是否带了家里的钥匙，因为如果忘记带钥匙就进不了家门，就要找开锁公司。到了公司，他又要检查好几遍工作，即使是做过的事情还要重复，因为担心会出一点儿问题。在他认识的人的眼中，他已经有点儿神经质了，他异常忧虑，晚上时常失眠，因为会想到工作，想到门窗……

　　他感到自己快要崩溃了，他异常痛苦，却不知道应该怎么治疗。最后他在朋友的介绍下找了心理医生进行心理治疗。心理医生通过催眠疗法治好了他的强迫症。

　　原来，他的忧虑并非是空穴来风，在他5岁的时候，曾经因为没有听家长的话，不讲卫生乱吃东西而得了胃炎，那种疼痛让他记忆深刻。在他10岁的时候，因为出门没有带钥匙而在家门口坐到半夜，才等到家长回来。12岁那一年，他自己在家，忘记了锁门，于是遭遇了入室抢劫……因此，这些过往都成为沙粒留在了他的心里。通过医生的开导，他才渐渐放下了这些过往，开始了新的人生。

有的时候，我们以往的经历和挫折会成为情绪的一部分而沉淀下来，忧虑也就是这些情绪的衍生物。人难免会有粗心马虎的时候，这会给我们带来严重的后果，它除了让我们接受教训以外，还会让我们的心灵蒙受阴影。

那些曾经的阴影会实体化，成为心中的沙粒，随着时间的流逝，心中的沙粒会产生堆积，人们的忧虑也就会越来越重。人之所以心头会有浮尘存在，是因为人们对发生过的不快存有印象，然而刻意去忘记，也只是会让自己的心灵遭受伤害，所以对于人们来说，心里的沙粒是一定要清除的。

2.平和如水，从容如月

心静自然凉，人们难以控制天气，但是却可以控制心境。生活当中，像天气一样难以控制的事情有很多，这时我们就需要调节自己的心态，争取平和些，才能消除内心的烦忧。心平气则静，心态好一些，凡事看淡一些，才能做到真正的从容。

可以想象，炎炎夏日，蛙鸣蝉叫，总是让我们感到心烦气躁，但是到了夜凉如水的晚上，心头的烦躁好像就能缓和一些。我们的心也分为两面，一面是烈如火的太阳，一面是淡如水的月亮，只有如月般从容，才能消除心底的烦躁和忧虑。环境在于我们怎样去感受，如果能沉浸于自己的安然中，自然不会受环境影响，反之，如果太过注意周围的环境，也只能让自己产生忧虑和烦躁。

从前在一个庙里有很多小和尚，因为年龄小，所以很难保持安静，住持是慈祥的，对这些小和尚的管教并不严厉，他希望他们能够自己悟出道理，而不是通过自己强制传授。小和尚们每天在不坐禅的时候都在寺院中叽叽喳喳，打扫庭院的时候也会玩闹起来。

有一个入寺比较早的小和尚，年龄稍大，此时的他，已经习惯于坐禅的生活，他曾经厌恶喧嚣，才选得此地出家，也正是这样才能够让他远离喧嚣，过上平静如水的生活。但是这些小和尚打乱了他的内心，他在坐禅的时候总能听到那些小和尚的喧哗和笑闹。虽然他很想教训他们，但是住持曾经告诉他要慈悲为怀，宽容待人，与世无争。没有办法，为了觅得一方清静，他只能选择到寺庙外的树林中坐禅。

有一天，住持在小和尚坐禅的时候来到了树林中，问他为什么在这里坐禅，小和尚便把自己的烦恼一五一十地说了。

小和尚说："因为这里难得清静，寺院中的小和尚实在是太过吵闹了，为了修禅，我只能找得一方清静。"

住持笑了笑，问他："这里的蝉鸣没有吵到你吗？"

小和尚答："不去注意就不会影响到我。"

住持微微一笑，反问他："那么你觉得小和尚的吵闹和蝉鸣有什么区别呢？"听完住持的话，小和尚恍然大悟。从那之后，他再也不到树林中去坐禅了。

智者心语

心有不甘千千万，平静面前万物春，从容可以使人成长。

主持告诉了我们一个道理，即取决我们心境的并非是客观的环境，而是我们自身。在意周围的环境，就会被周围环境所影响，从容一些，就能忽视那些让我们烦躁忧虑的环境。我们要改变的不是环境，而是我们内心的波动，只有从本身出发，做到从容，才能收获心中向往的安然。

　　有一个女孩异常容易焦躁，这使得她的气质大打折扣。每当她焦躁的时候，就会难以抑制自己的情绪，变得非常冲动，从而致使她周围的空气都像改变了一样。每到夏天的时候，她的焦躁就会更盛以往，这样的季节让她非常反感。

　　午睡时，女孩会被蝉鸣吵得睡不着，晚上又会感觉燥热，有时越想安静下来规律的表针走动的声音就越是清晰，这些都成了影响她睡眠的因素。越是安静的环境，她越是容易听到各种声音，这让她难以入睡。一直受困于这样烦扰，她感觉自己有些神经衰弱了。

　　有一天，女孩的朋友约她一起出去玩，她想，反正回到家里也是睡不着，不如就去放松一下好了。他们选择到酒吧去消遣，那里异常喧哗，大家疯狂地跳着舞，音乐的声音大得震耳，不知道是什么原因，也许是因为这段时间实在是太缺少睡眠了，也或者是心情放轻松了，这个女孩渐渐沉入自己的小世界之中，不一会儿竟然在沙发上睡着了。

　　震耳的音乐没能成为影响她的因素，直到最后朋友叫她，她才从睡梦中醒过来。真是奇迹，这竟然是她睡得最舒服的一次。由此，这个女孩也领悟到了，环境并非是影响自己的因素，影响自己的是自己焦躁的内心。从那之后，女孩下班后就给自己减压，从容地面对生活，也是从那时开始，她每天都可以安然入睡了。

　　从容一些，往往能够帮助我们脱离困扰。佛之所以能够成为佛，远离世间的烦恼，并非是佛所处的环境没有烦恼，而是因为佛的内心已经脱离了情绪的控制，可以做到不以物喜，不以己悲。没有了烦扰，生活自然能够恬淡而幸福。我们缺少的，就是佛的从容。

世上没有绝对的安静，越是安静的环境，声音反而越容易凸显出来。只要我们能够不在意，那么客观环境就不会再影响我们的心情。放宽自己的心，如月一般从容淡定，放下不必要的忧虑，自然能够让自己的内心变得平静如水。

3.不拘小节，回归平静

我们有时因为太过追求完美，所以在细枝末节上花费了大量的精力，觉得辛苦，产生忧虑。只要我们分清事情的轻重缓急，不再纠结那些无关紧要的小事，那么我们就能从忧虑中脱离出来。

大事还是小事，通常以我们的重视程度为标准来进行区分。有时我们难以客观判断，抓不住事情的主体，就只能在细节小事上打转，进而耽误了其他重要的事情。我们的精力是有限的，难以做到面面俱到，在一件事情上花费了太多的精力，就难以再在其他事情上集中精力，可能事情就会和自己所期待的结果产生偏差。

从前有一个帝王，他潜心向佛，在他即位之后，就开始着手对境内所有的寺庙进行修葺。这个时候问题出现了，围绕着谁来修葺寺庙这个问题，大臣们展开了讨论。

最后留下了两个队伍，一边是普通的僧人，另一边是一支优秀的装修队。

帝王感到选择比较困难，就向大家征询意见，最后讨论出了一个方法，就是让双方对两个寺庙进行修葺，以最后的结果定论。

两边都展开了工程，一边的装修队要了很多名贵的材料和金银，还要了很多种颜料。而另一边，僧人们的要求就简单多了，他们要了最简单的打扫工具。然后两边都开始了自己的工程。

过了不长的时间，僧人们的队伍就完工了，又过了一段时间，装修队也完工了，人们先观赏了装修队的工程，工人们做得非常精致、非常精细，雕梁画栋，一切都是崭新的，完全没有了旧日寺庙的样子，就连柱子也雕上了精美的图案，并且在柱子上还镀了金。除了精美以外，人们没有其他的评价。

然后人们又来到了僧人们"装修"的寺院，刚刚进去，人们就被里面肃穆的气氛感染、影响了。原来僧人没有做任何的装修，他们只是扫去了灰尘，恢复了寺庙的本来面目，虽然寺庙并非崭新的，但是人们却从中感受到了历史的厚重感，心也随之静了下来。结果经众大臣评议后，僧人们在全国展开了寺庙的修葺工作。

虽然说细节决定一切，但并不代表我们只着眼于细节，这样就可能像装修队一样忽略了事物的本质。如果因为过于纠缠小事而耽误了大事，那么我们所做的一切努力也将没有任何意义。有时小事是异常琐碎的，总是和这些事情纠缠，势必会让我们感到烦躁和忧虑。摈弃那些无关紧要的小事，才能将自己从忧虑当中解脱出来。

有一名年轻人，他每天都忙得焦头烂额，生活对于他来说，痛苦远远大于乐趣。他每天都会有很多烦恼，并且为这些事情忧虑不已。

在早上上班的时候，坐公交车的年轻人总会异常小心自己的鞋子不被踩到，没有座位的时候就站在座位边上时刻注意着哪个人哪一站会下车，当哪个人有下车意向的时候，他就开始忧虑，因为担心别人会抢走这个自己已经守了很久的座位。

到了公司工作的时候，年轻人也总是时刻注意经理的脸色，他总觉得领导的每一句话都有着领导的意思，即使经理随便开句玩笑，也会让他思考揣摩好久，他总是试图去了解经理的意思。约客户见面的时候，他又会一直看表，因为他怕客户不来，怕失去客户。每当客户迟到的时候，就会看到他在那里皱着眉头看表，一副坐立不安的样子。

结果呢？尽管年轻人小心谨慎，但是很多不快还是找上了他。在坐公交车的时候，因为过于注意自己的鞋子不被踩到，被小偷钻了空子偷走钱包；因为只顾着抢座位，不小心撞倒了要下车的老人；在公司因为过于关注经理的脸色，使得工作进展不顺利，最终离开了他的工作岗位；等客户的时候因为不停地看表让客户误会他等得不耐烦，觉得他不懂礼貌，合作也告吹了。

故事中的年轻人因为过于在意无关紧要的小事，反而弄巧成拙。为什么要因为那些无关紧要的小事而焦躁不已呢？忧虑对自己的伤害有很多，我们完全没必要为了一点点小事而纠结不休、忧虑不已。

生活是忙碌的，我们做不到马不停蹄地赶路，更没有精力去应对所有的问题，不要太过纠结一句话、一点琐碎，平和一点儿，给自己一点儿空间，让自己能够有时间去享受生活，有机会去感悟人生。

4.幸福与忧虑无关

忧虑，是我们通往幸福路上的一只拦路虎，因为忧虑不仅伤神，对心灵也有着非常严重的危害。虽说有远虑是好事，但是过于忧虑就会忽略掉眼前的幸福。如果一直活在忧虑之中，就会成为一个消极悲观的人，只知道沉浸在痛苦之中，到最后甚至会失去脱离烦忧的意识，只能在忧虑中生活。

考虑将来、计划明天是对的，但要注意适度，如果思之过甚，就会伤身，过分担心未知的结果就会让我们对未来感到恐惧，从而失去了前进的勇气和动力，止步不前。

古时候，曾经有一个杞国人过得非常不好，因为他每天都要忧虑许多人和事。虽然国泰民安，生活幸福，但他还是很忧虑。

有一天，杞人抬头看天，突然就忧虑起来，想着如果有一天天塌下来要怎么办。他想，如果天塌下来了，那么天上的日月星辰也都会坠落下来。大地承受不了这些重量，也会开始塌陷……

杞人越想越恐惧，也越来越忧虑，每天都愁眉不展，吃饭时也担心，睡觉时也担心，过得心惊胆战。他的朋友见到他日益消瘦，非常担心，于是就来劝导他，对他说天空只是由气体堆积而成，这些气体充满了每个角落，日月星辰也停留在这些气体上面，人们每天都活在这些气体当中，天是不会塌下来的。但是他的状况非但没有好转，反而更加惶恐。

杞人又问："日月星辰这些东西竟然悬浮在空中，那样不是掉下来的可

智者心语

思虑越多，越易伤神。简单的生活，往往能够创造幸福。

杞人的朋友劝导他说："能够悬浮在空中，必定也是由空气组成的，能够看到它们，也不过是因为它们能够发光而已。这么轻的东西，即使掉下来也不会砸伤人的。"

杞人想了一会儿觉得有道理，但是马上又皱起了眉头，问道："可是地塌陷了呢？"

杞人的朋友说："我们奔跑生活的大地是由土构成的，这些土块堆积才成为了大地，并且填满了大地所有的空隙，没有空间，地又怎么可能会塌陷呢？"

听完朋友的劝导，杞人想了好一会儿，终于放下心来。从此以后，他再也没有因为忧虑而吃不好、睡不着了，每天都过着幸福的生活。

杞人忧天是非常愚蠢的事情，因为担心不会发生的事情而沉浸在恐惧之中。我们有时会对未知感到恐惧，所以忧虑，然而忧虑并不能阻止明天的到来，也不能帮我们解决任何问题，反而会让我们的心灵遭受折磨。其实，在我们生活幸福的时候，就要享受幸福，不要一直忧虑幸福过后会是什么，否则只能浪费掉来之不易的幸福。

未来的一切变数并不是我们所能预料的，我们只要在当下能走得稳健踏实，就无须为未知担心太多。忧虑除了伤害我们之外不能给我们任何的帮助，所以不妨学会面对一切，学会平和，放下忧虑。思之愈甚，伤之愈深，唯有以平和之心面对，才能找到解决的方法，走出迷茫。

5.平凡的人生，简单就好

生活是复杂的，然而我们却能选择简单的生活方式。过于在意生活中的繁杂，那么生活就变得繁杂，万事看得简单一些，自然就能找到一种简单的生活方式。看淡生活，看淡烦忧，不要为自己的生活添加太多华而不实的点缀，那些只能成为生活的负累。

生活也好，感情也罢，看得简单，便是简单，如果时常担心忧虑，那么又怎能感受到幸福的所在呢?！不要为生活的琐事而忧虑，万事看开一点儿，也就自然简单一点儿，爱也好，生活也好，都会变得很简单。

人们总是弄不清楚什么才算幸福，于是总觉得自己离幸福还有距离，所以想尽办法去追求看不见的"幸福"，结果，往往丢掉了身边最简单的小幸福。其实，幸福就在我们身边，只要少一些忧虑，学会让内心满足，让自己的生活变得简单一些，就能把握住幸福。

从前有一个商人，他是别人眼中的成功人士，但他每天都不快乐，更是厌恶了城市的喧嚣。终于有一天，不堪重负的他放下了手中的生意，带着积蓄，为了寻找幸福的真谛而开始了四处游历的生活。

商人来到了一个非常落后的小村子里，那里的生活非常贫困，人们每天都要辛苦地劳作才能够勉强度日。孩子们没有上学的机会，几乎都要帮助家里干农活才可以维持生计。他在那里停留了一段时间，心中居然感受到了从未有过的幸福感，那里虽然落后，却与世无争，人也非常淳朴，没有钩心斗角、尔虞我诈，每天日出而作，日落而息。

商人每天白天都会到山坡上思考。虽然他想要追求这种幸福，也暂时放下了自己的一切，但是偶尔还是难免会想到自己的生意。

有一个放羊的小孩每天都在山坡上放羊，他穿得破破烂烂，但是每天都在山坡上，快乐地唱着牧歌。商人感到非常不解，便问小孩："你有想过你的明天吗？你放羊是为了做什么呢？"

小孩高兴地说："我将这些羊养大之后就能够卖钱，我一直在攒钱。"

商人又问："攒钱做什么呢？"

小孩开心地答道："等我长大就可以用攒下的钱娶老婆。"

"那娶老婆为的是什么呢？"

"生小孩。"

"生了小孩你希望他做什么呢？"

"放羊。"

商人觉得小孩子真的非常可怜，永远不知道外面的世界有多大，心中也只有这些。于是他对小孩说："如此这样的循环，那么你会一直过着苦日子。"

没想到小孩却一点儿难过的表情都没有，他说："可是我过得非常快乐啊。"听了小孩的话，商人陷入了沉思，他觉得他已经找到了幸福的真谛。

智者心语

生活不是戏剧，没有那么多的跌宕起伏，简单些，最好。

生活是忙碌的，我们只知道一味地追逐生活的脚步，却忘记了自己一直想找的目标是什么。就像故事中的商人一样，生活中的忧虑已经让他无暇顾及其他，在放下了一切之后才找到了自己一开始所追求的东西。幸福不是一道题，无须进行精密的计算，看得简单一些，少一些忧虑，幸福就会到来。

　　有一个年轻人，从小学习就很优秀，进入职场也是混得风生水起，但是他过得并不幸福。他希望做一个完美的人，但是生活总是不能如他所愿，无论他怎么努力，公司仍然有人不喜欢他，虽然他尽可能做到完美，但是仍然不能和所有同事融洽地相处。

　　年轻人怕自己一个不小心会让工作出现漏洞，被这些人算计，于是他每天都胆战心惊、小心翼翼。虽然工作成绩非常突出，但是他又怕这样会遭到同事的嫉妒，精神上一直保持着紧绷的状态，终于有一天，他受不住了，长期这样的生活已经让他患上了很严重的神经衰弱症。医生建议他先放下手头的工作，出去放松一段时间，关于工作的一切都不要去想。

　　年轻人请了长假，收拾行李考虑着去哪里，他的妻子看到他大包小裹，连锅都放进行李中，就问他："你带锅做什么呢？"

　　年轻人说："不是所有地方都能有一个干净的用餐环境，我必须提前考虑好，以备不时之需。"他的妻子深知他的脾气，于是没有说什么，只是在他睡着以后偷偷将不必要的东西取了出来。

　　年轻人出发的时候发现行李少了很多，他非常焦躁，但是时间紧迫，来不及重新收拾，他只好带着简单的行李出发了。临走时，他只来得及带上那口锅。

　　开始的时候，年轻人总是不能静下心来享受自己的假期，每到一个地方，他总是担心家中的妻子，或是给同事打电话询问关于自己工作的事。他完全没能享受他的假期，被忧虑所困的他决定提前回去工作。

　　在一个渡口，年轻人发现了船夫在树下闭目养神，他对船夫说："你不努力工作，到什么时候才能享受生活呢？"

船夫没有坐起来，只是睁开了眼，反问他："那你觉得我现在在做什么呢?"年轻人顿悟了。他看到船夫用疑惑的眼神看着自己手中的锅，才想起，这一路，他从来都没有用到过这口锅。

生活从本质上来看很简单，却因为我们想得过多而变得复杂。就像这名年轻人一样，什么都想做到完美，于是使得自己越来越累，每天为了迎合别人而活，没有时间享受自己的幸福。生活需要奋斗，同时也需要享受，心态平和一点儿，要求放低一点儿，也就能离幸福更近一点儿。

生活中，我们不妨学学故事中的船夫，简单地生活，奋斗之时也别忘了停下脚步享受生活。在享受生活的时候就要全身心地放松，不要去忧虑那些看不到的未知。生活的旅途上务必做到轻装上阵，才能有足够的空间承载幸福。

第十六章　沉着冷静，处变不惊
——淡泊人生远离纷扰

　　冲动的魔鬼驾驭着心魔，淡定者可以控制好自己的心境，不冲动，不急躁，沉稳应对纷繁。用一颗平常心感知世界。淡定者表面风平浪静，其内心包罗万象，能冷静面对沉浮、静观其变。正所谓，不动声色的人颇具大智慧，遇事沉不住气的人往往成不了气候。

1.冷静明理，才能处变不惊

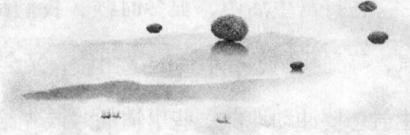

　　德国著名学者康德曾经说过："生气是拿别人的错误来惩罚自己。"的确，很多人在遇到一些不顺心的事情时都会不问缘由地怒气冲冲、生气抱怨，这样做不但不能解决问题，反而还会严重影响自己的心情，让问题变得更复杂。

　　我们不妨先来看一个小故事。

　　一对刚结婚不久的男女去海边度蜜月。这一天，他们来到海边游泳，正当他们游得非常开心的时候，一条鲨鱼向他们游来。这对男女发现后，拼命地朝岸边游，可是他们游的速度太慢了，鲨鱼很快就要赶上他们了。这个时候，只见那个男人用脚使劲儿地踢向女人，然后又将自己的手咬得鲜血直流。

女人对于丈夫突然做出的这个举动感到十分茫然，她不明白为什么在这种关键时刻丈夫要狠心踢自己。当她拼尽全力游上岸时，看到丈夫还在海里被鲨鱼追赶着。她的内心非常复杂，既担心又愤怒，幸运的是，一只船恰巧经过，把他救了上去，可是这个男子由于失血过多，已经昏迷不醒。

女人看见丈夫这副模样，十分难过，可是一想到刚刚他在海里拼命踢自己，就气愤不已，并冲动地把结婚戒指从手指上褪了下来，扔给躺在地上的丈夫。这时，一位老人走了过来，对那个女人说："刚刚我在船上看到所有的一切，他踢你是为了让你更快地游向岸边，而他之所以咬破手就是为了用血去吸引鲨鱼追他，只有这样，你才有足够的时间游回岸边。"女人听完老人的一番话，抱着丈夫痛哭不已，为自己刚刚的冲动行为感到后悔万分。

在日常生活中，很多时候，我们都会在没弄清楚事情真相的时候就先生气，等到我们了解事情的缘由后，又会后悔不已。既然如此，为什么我们不在生气想要冲动地做一些事情的时候先给自己一点儿时间，让自己冷静一下呢？

其实，每一个人都不想生气，可是为什么又会有那么多人总是因为一点儿小事生气呢？因为大家都有着许多的烦恼。但不管你的烦恼是什么，多么令人气愤，你都要弄清楚事情的原委，每个人都是为了追求快乐和幸福才来到这个世上的，既然大家的目的都是一样，那么为什么不将所有的事情都看开一些呢？并且我们生气冲动的结果往往是：不仅事情没有得到很好解决，反而给我们带来了更多的麻烦。

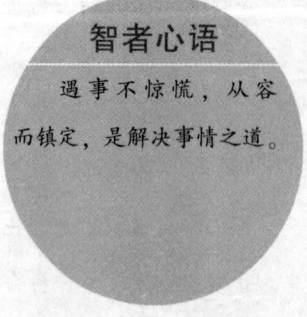

智者心语

遇事不惊慌，从容而镇定，是解决事情之道。

当我们在日常生活和工作中遇到一些令自己非常气愤的事情时，不妨先静下心来默念一遍下面这首《不气歌》：

人生就像一场戏，因为有缘才相聚。相扶到老不容易，是否更该去珍惜？为了小事发脾气，回头想想又何必。别人生气我不气，气出病来无人替。我若气死谁如意？况且伤神又费力。

这首轻松幽默的诗向我们传达了这样一个道理：当我们在遇到打击和伤害的时候，不妨想开一点儿，给自己一点儿时间冷静一下，以免伤得更深。

人生匆匆，如白驹过隙，生活中有那么多令我们开心的事情还等着我们去享受，我们又何必再花时间生气呢？我们每个人都要学会在遇到事情的时候养成冷静乐观的性格，做一个有头脑、够理智的人，去包容人生遇到的那些不平事，只有这样，我们的生活才会过得更加和谐、快乐。

2. "冷处理"，和谐中带着睿智

日常生活中，我们每个人都可能与他人存在着各种各样的矛盾，例如同事不和或者夫妻之间闹矛盾，等等。这个时候，如果只是一味地冲动发脾气、抱怨，反而会让矛盾变得越来越激化。我们不妨学会用"冷处理"的方法，将心中那团冲动的火气浇灭。"冷处理"不仅可以很好地处理遇到的问题，同时还是为人处世的一种重要方式。

学会"冷处理"，你就可以冷静地面对所遇到的各种复杂问题，可以从容不迫地化险为夷，转忧为喜；学会"冷处理"，你就可以做到大事化小，小事化了，让矛盾逐渐消失，转变成和谐的局面。无数的生活实践告诉我们：学会"冷处理"，是解决冲动最有效的办法之一。

每一天，我们每个人都要面对许许多多的选择。有的选择非常简单，例如今天穿哪一件衣服、早餐吃什么，等等；而有的选择却又非常复杂，例如到底要不要雇用这名员工？老板为什么给小张涨了工资而不给我涨？我是要去找老板说理还是私下里大骂老板一通？要不要问问孩子，她昨晚回来那么晚到底干什么去了？到底该不该控制一下自己的火气？即便你有足够的理由发火。

很明显，有的选择是比较妥当的，而有的选择却是恰恰相反的。生气只会让你丧失理智，发火也只会让事情变得更加麻烦，这个时候选择"冷处理"，就会体现出你的大度和智慧。一个富有涵养的人是很少会用发火去处理事情的，因为他们知道，发火是解决不了任何问题的，只有"冷处理"才会将问题处理得更好。

李婷和金辉都是非常自我的人，他们在结婚以后，总是不断地发生争吵，彼此之间又互不相让。李婷怀孕以后脾气变得更加暴躁，金辉一气之下，和李婷分居了。在他们的女儿刚满一周岁的时候，两个人就离婚了。当金辉和林林再婚的时候，李婷跑到婚礼上大闹了一场，说金辉是一个不负责任、花心轻浮的感情骗子，还说林林是一个只会勾引别人丈夫的狐狸精，最终也会被金辉这个花心公子给抛弃。整场婚礼被弄得十分狼狈，参加婚礼的宾客也是议论纷纷。

其实，林林并非是李婷和金辉之间的第三者，23岁的林林是一个非常单纯善良的姑娘，

智者心语

理性看待问题，冷静处理问题，给生活一个自由、和谐的空间。

她是在他们离婚以后才和金辉相识并相爱的。李婷在婚礼上的大吵大闹让林林非常伤心难过，可她并没有抱怨，也没有冲动地指责任何人，而是选择了"冷处理"去解决这件事。

在李婷大闹婚礼的时候，林林阻止了娘家的一些朋友，让李婷尽情地发泄心中的怨愤。李婷不仅大声责骂着一对新人，甚至还掀翻了婚礼上的许多物品，可是自始至终都没有任何人回应她，最后她只好愤怒又难过地离开了。第二天，林林独自去看李婷和她的女儿，并给她们送去了一笔钱，说这是她和金辉的一点儿心意，希望孩子可以得到很好的抚养，让李婷不要那么劳累，还说金辉对不起李婷，她也觉得非常愧疚，想要尽自己最大努力去补偿她们。

李婷也并非是一个蛮不讲理的人，当她得知林林并不是自己当年婚姻的第三者时，再看着这个比自己小 7 岁的女子竟然如此大度，任由自己在她的婚礼上大吵大闹，就觉得非常不好意思，再看到她给自己孩子送来了抚养费和说出的那番话，就感到更加愧疚了。就这样，李婷再也没有去找过金辉和林林的麻烦，而金辉也因为林林的这个做法而更加珍惜这份感情和婚姻。

在金辉和林林的婚姻中，每当金辉发脾气的时候，林林总会坐在一旁安静地听着，等到金辉说够了，林林就会端上一杯水说："累了吧，那就先喝点儿水休息一下吧。"如果不是什么大事，那么这杯水就是两人矛盾的结点，如果涉及原则性问题的话，那么林林就会在金辉冷静下来的时候说出自己的想法。时间一久，原本脾气暴躁、容易冲动的金辉也变得不再乱发脾气，开始平心静气地和林林过日子了。

如果当年李婷可以像林林这样懂得"冷处理"，而不是在出现矛盾的时候就会冲动地大吵大闹，也许最终她也不会和金辉走上离婚这条路，更不会在婚礼上大吵大闹，被众人指责。仅观当林林面对问题的时候，她没有冲动地去和李婷吵架，而是采用了另外一种方法去处理问题，这样做的结果不但让丈夫的前妻慢慢地对自己消除了敌意，甚至还让丈夫对自己更加喜爱和尊重。

什么是"以柔克刚"？林林的这种克制冲动的"冷处理"做法，就是以柔克刚。夫妻和情侣之间是需要相互磨合的。而磨合，就是一种"冷处理"。就像我们的舌头和牙齿一样，经常发生碰撞，更何况是两个具有独立个性和见解的人？人和人之间相处，难免会出现一些摩擦，当出现矛盾的时候，千万不要一时冲动地去肆意发泄心中的情绪，不妨先冷静下来，理性分析，多想想对方的优点，及时进行沟通，这样一来，还有什么问题不能解决呢？

因此，当我们在遇到一些想不通的事情时，不如先暂时将它们放一放，把注意力先转移到别的地方。遇到事情的时候也要多一份冷静，学会"冷处理"，避免冲动，长此下去，你会发现你的人际关系会越来越和谐。

3.笑对沉浮，静观起落

很多时候，冲动不仅会让人思想上失去冷静，心理上失去平衡，甚至还会让人在遇到事情的时候丧失理智，看到些什么，或者是听到些什么，就认为是什么，从而失去了正确的判断能力。

在现实生活中，我们在遇到事情的时候总是会太过于冲动，其实象征一个人真正成熟的标志正是遇事冷静，不冲动。能够放下冲动的人具有良好的自控力，行事不会仓促，不会被一时的情绪左右思想。只有放下冲动，我们才可以学会淡泊，才能够真正品味到生活中的那些小细节、小幸福。

有一个人去几十里外的陌生村庄买了满满一车西瓜，用拖拉机拉着赶往城里去卖，希望可以大赚一笔。由于是山路，所以一路走来都是坑坑洼洼，非常颠簸，再加上他对这一带地形并不熟悉，又急着赶路，所以就向路边的一位农夫打听要走多久才可以走出这段颠簸不平的山路。

"你先别着急，要慢慢走，再有个10来分钟就能到大路了。"农夫回答道，然后他又特意提醒，"但如果你赶路太快的话，反而会浪费你很多时间，甚至还会白赶路。"

"他说的这是什么歪理啊？根本就是在胡说八道！"这个人根本就没有理会农夫所说的话。问完路以后，就急急忙忙地加速前进。不料还没走多远，车轮就被大石头给卡住了，装满西瓜的车也猛烈地摇晃了起来。有不少西瓜从车子上面滚落下来，由于车速的冲击力太大，轮胎被锋利的石头尖给划破了。不但西瓜摔坏了，连车胎也被划破了。后来，经过一番努力，他终于把车子给修好了，也把落在地上没有被摔坏的西瓜重新装上车，可以开动继续前行了，可是他却累得没有力气了。他非常疲惫地回到了驾驶座上，想要快点儿赶路都不行了。

这个时候，他忽然想起了农夫刚刚所说的那番话，恍然大悟。在剩下的路上，他十分小心地开车慢慢行驶，不一会儿就来到了大路上面，只不过，那个时候天已经完全黑下来了。

如果不是因为他太过冲动急躁，就不会把车子给撞坏，更不会耽误时间赔本。有的时候，一时冲动急躁地去做一些事情，反而不能很好地做成事情，甚至还会让事情变得越来越糟糕。只有拥有一个平和的心态，才能让自己在做事

智者心语

无论顺境逆境，微笑着面对都会过去。

的时候不会太过于冲动。

有一位父亲在过世之后只留给了儿子一幅古画，儿子看了以后感觉十分失望，正打算把画收起来的时候，忽然发现画的卷轴似乎非常重，就急急忙忙撕开了一角，赫然发现里面藏了不少的金块，于是就立刻将整幅画给撕破了，顺利地取出了里面的金块。但是，紧接着又发现金块中间还夹着一张小字条，字条上面提到这幅画是古代名家大师所绘画的无价之宝。可惜画已经在他的冲动之下被撕得破碎不堪，再怎么后悔也为时已晚了。

从这个故事中我们不难看出，儿子因为一时冲动而造成了无法弥补的遗憾。因此，我们必须要充分地认识到冲动的危害性。只有充分地认识到它的危害，才有可能有动力去克服它。当然，有的时候我们也不妨借助外部的提醒或者帮助。例如，林则徐每到一个地方，就会在书房最显眼的地方贴上写有"制怒"二字的条幅，以此来随时提醒自己不要随意冲动发火。其实，这些方法并不复杂，我们也可以给自己立下个座右铭，时常告诫自己，以便自己能够迅速地从冲动的情绪当中解脱出来。

我们用什么样的态度对待生活，生活就会同样回馈给我们什么样的人生。因此，当我们的内心情绪开始不平时，不妨先静下心来，告诉自己一定要冷静，不要太过于纠结。用平和的心态看待这一切就好。这样一来，你就会发现生活原来是如此幸福美好。

4.作决定需要智慧

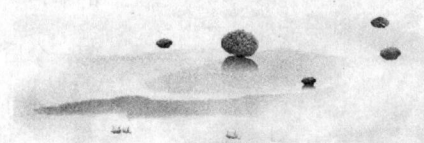

在我们生命的五彩洪流中，每个人都展示着自己丰富的个性。假如你是一个性情急躁、容易冲动的人，那么你就要明白，你在冲动的时候所作出的决定，往往事后都会让你后悔不迭。

生活的经历告诉我们：一个人在极度愤怒的时候，一定不要轻易地作决定，否则大错铸成，再怎么后悔都于事无补。

一个男子风尘仆仆地出差回来，走到家门口正准备敲门的时候，忽然听到了男人打呼噜的声音，于是他难过不已，转身离开了，并发了一个短信给女人："我们离婚吧。"女人觉得非常伤心，认为老公肯定是在外地出差时有了外遇，所以就同意了离婚。

3年后，两个人相遇了，女人忍不住问起当年他为什么要提出离婚。在得知是因为听到男人的打呼噜声后，女人忽然奇怪地大笑了起来："你为什么当时不打开门走进去看看呢？"

"还有什么好看的呢？都给彼此留点儿颜面，好聚好散吧！"

"你知道吗？你当年听到的打呼噜声，不过是电脑上瑞星小狮子所发出来的响声……"

很多时候，人们往往会认为女性的冲动是一时懦弱的行为，而男性的冲动却被认为是有魄力、有冲劲。可事实真的是这样吗？故事中的男人因为当时无法抑制愤怒，冲动地向妻子提出了离婚，殊不知，所谓的男人的打呼噜声不过是瑞星小狮子的响声。看着已经再嫁的贤惠前妻，男人又是怎一个后悔了得?

冲动所带来的后果是十分严重的，冲动所带来的损失也是无法弥补的。你很有可能会因为一时的冲动而失去你心爱的人，失去多年的好友，失去一批顾客。因为人在发怒的时候，会丧失理智，基本上已经不能正常理性地思考和支配自己的行为，从而做出让自己后悔不迭的事情。

愤怒就像是一面镜子，一面可以观察自己的镜子，仔细看着这面镜子，你能从中发现些什么呢? 也许很多时候有问题的并不是别人，而是你自己。

中国有句古话："忍一时风平浪静，退一步海阔天空。"这句话就是要告诉我们，在某些容易引起人情绪波动的特殊情况下不要意气用事，不要冲动。因为在缺乏周详考虑的情况下，头脑一时发热，做起事来也会不假思索，这样就很容易草率地做出伤害自己和他人的举动。

愤怒，是一种人的需求得不到满足时发出的消极情绪，而冲动就是一种瞬间的情绪释放，在你冲动地想要说一些话和做一些事情的时候，愤怒就会像暴风雨一样来得猛烈、去得迅速，可是在短时间内又会有较强的紧张情绪和行为反应。所以，当愤怒的情绪郁结在心中时就会产生巨大的力量，一旦发泄到外面，就会造成无法估量的损失。

5.走出冲动的怪圈

　　一个周末的晚上，梦婷在阳台上给花草浇水，刚好看见和她隔着一条防火巷的邻居雅丽在阳台上整理旧物。雅丽的动作十分干净利落，物品之间发出的碰撞声，就像是来自她内心深处的抱怨。

　　这个时候，雅丽的丈夫从客厅端来了一杯热茶，双手捧到她的面前。这是一幅多么令人感动的画面啊，差点儿让梦婷为之落泪。为了不打扰这对夫妻，梦婷轻轻地放下水壶朝屋里走。正打算转身的时候，听到雅丽的抱怨声："别在这里假惺惺地装好心了，我不需要！"也许雅丽需要的并不是一杯热茶，而是丈夫主动分担家务。但是，在丈夫对她表示关心的时候，雅丽实在不该一时冲动把所有的坏情绪都发泄到丈夫身上。

　　很多时候，一时冲动表现出来的情绪化行为很有可能会成为自身幸福的杀手，让你变得面目可憎，受尽他人指责，冲动不是魔鬼，可是却能够把我们变成魔鬼。

　　我们所追求的幸福生活是一种平衡。我们应该努力去寻求自身情绪和理性之间的平衡关系，不能总是因为一点儿小事就大发雷霆。虽然平淡如水、没有波澜的生活会令人烦闷，但如果任由自己的感情肆意宣泄，那么你就有可能永远都不会拥有幸福。

　　一个良好的生活态度应该是从多个视角去审视自己的生活，并从中找到情感和理性的最佳搭配，这才是我们在追寻幸福道路上最值得去尝试的一件事。

243

我们可以从下面这个故事中体会到一时冲动是多么危险的一件事。

在巴格达有一位非常富有的商人，有一天，他派家中的仆人去市场购买食物。可没过多久，仆人就匆匆赶回来了，并且脸色苍白、浑身颤抖地对他说："主人，刚才在市场里，我被一个女人狠狠地推了一把，我回头一看，发现是死神在推我。她还对着我做出了一副十分凶狠的样子，现在，请把您的马借给我吧，我必须尽快从这里逃走，才能躲过这个厄运。我要去萨马拉，只有到了那里，死神才不会找到我。"

商人听后非常生气，觉得死神威胁自己的仆人就等于和自己过不去。他将自己的马借给了仆人，仆人骑上马后，快速地朝远方奔去。

然后，商人来到了市场，他看见死神正站在人群当中，就气冲冲地走向死神问道："今天早上，你为什么要凶狠地威胁我的仆人？"死神听后吃惊地说："我根本没有威胁他，我只是感到意外能在这个地方看见他，因为今天晚上，我们约好要在萨马拉相见的。"

一时冲动的情绪化行为很有可能会让人变得不理智，甚至做出一些不堪设想的事情。

那么，我们究竟应该怎样去控制自己的情绪化行为，让自己变得不那么容易冲动呢？

首先，要勇于承认自己情绪上的弱点，不要刻意回避自己的情绪。很多人都非常容易冲动，并且冲动起来就很难自我控制，这个时候要怎么处理呢？关键就是要正视自己的这个弱点，在此基础上再仔细分析自己容易冲动的原

> **智者心语**
>
> 冲动的时候，给自己一点空间，一点释放以及可以冷静的空间，让魔鬼走远。

因，然后再找一些方法去努力克服。不妨试试，在冲动时提醒自己：不要冲动，冲动是魔鬼！

其次，要学会正确认识和对待社会上存在的各种矛盾。在看待问题时，要多看光明和积极的一面，这样才能让自己发现生存的意义和价值，让自己变得更加乐观向上，从而也增强了克服挫折的勇气和信心，即使在遇到一些不平的事，也不会只图一时痛快发泄，而不顾及后果。

最后，要学会正确发泄自己的消极情绪。一般来说，当人处于逆境的时候就非常容易产生不良的情绪，当这种不良的情绪得不到很好的宣泄时，就很容易冲动地做出一些不顾后果的事情。这个时候，就需要在适当的时候将这种不良的情绪发泄出去。例如，找朋友喝茶聊天，找一些自己感兴趣的事情做，并从中找寻自己的精神安慰和寄托，让自己的冲动情绪得以平复，切莫因一时冲动而迷失了自我。

第十七章　云淡风轻，豁达自如
——淡泊人生淡定从容

　　"世上本无事，庸人自扰之。"说的就是纠结、抑郁者。人们往往抓住一些小事纠结不放，长此以往，心里的困惑越来越多，最终郁结于内，越来越不快乐。不如将"心中的垃圾"倒空，像山间小溪一样，唱一支欢快的歌，给自己一个豁然开朗的空间。

1.云淡风轻，惜别昨日

　　这世上的每一个人，都注定无法逃脱那些所谓的不幸和不快。即便你走遍天涯海角，寻得一个看破世间红尘的得道高僧，他也同样无法摆脱现实中的猜忌、心理上的纠结和生活中的烦恼。要知道生活中没有谁是永远一帆风顺的，谁也没有办法从世俗的烦恼中摆脱出来。

　　可是，如果我们总是一味地去想那些让我们烦恼不安的事情，那么我们就只会一直抱怨生活的不公，纠结于内心的困扰，每一天都在糟糕的心情中度过。如此一来，我们的生活怎么会有快乐可言呢？

有一个年轻人，在他刚过完 24 岁生日的时候，就惨遭他人陷害，在牢房里面整整度过了 10 年。后来这个冤案得以平反，他也得以释放。可是，他却开始了日复一日的反复控诉和咒骂："我真是太倒霉了，在我最年轻的时候居然遭受冤屈，在监狱里面度过了人生最美好的时光。那里根本就不是人待的地方，房间里阴暗潮湿、气味难闻，狭小的窗户从来见不到一丝的阳光，我真的被折磨得生不如死。我不明白为什么陷害我的那个人没有得到惩罚，就算把他千刀万剐也难消我心头之恨啊！"

在他 72 岁那年，在贫病交加中，他终于卧床不起。临终之时，牧师来到了他的床前，轻轻地对他说："可怜的孩子，在去天堂之前，先忏悔一下你在人世间的一切罪恶吧！"

躺在病床上的他依然对往事耿耿于怀："我不需要任何忏悔，我需要的是不停地诅咒，诅咒那些给我的人生带来不幸的人。"

牧师握住他的手问："你因为遭受冤屈而在监狱里待了多少年？"

他悲愤地将数字告诉了牧师，牧师听完长长地叹了一口气："可怜的孩子，你真是这个世界上最不幸的人，对于你遭受的这些不幸，我感到十分同情和难过。你被关了 10 年，可是当你走出牢房去享受外面自由的时候，你却用心中的仇恨和埋怨将自己囚禁了整整 38 年。"

在人生漫长的道路上，我们难免会遇到许多挫折和悲欢离合。即便那个时候我们的心中充满了无限的委屈和愤怒，可过去的毕竟已经过去了，如果我们将这一切包袱都背负在身上，那么我们的人生岂不是走得太过劳累？又如何去体验这人生的种种乐趣和快乐？如果往

对于昨日的沮丧与彷徨，不必有太多牵挂，因为明日的辉煌才是重点。

事不堪回首，还硬要逼着自己去回首，那么烦恼岂不是会永远跟随着你？纠结于往事中，只会让你陷入无限的失落，破坏每一天的心情。

其实，当我们在生活中遭遇各种不幸和挫折时，应该先冷静下来思考一下可能会出现的 3 种结局：最好、中等、最坏，同时还要不停地提醒着自己：我不一定就会得到最坏的结局，有可能会是中等或者最好的结局，凡事一定要尽量往最好的方面去想、去努力。

请坚信，这一切都将会成为过去，没有什么大不了的。

伟大的所罗门王有一天晚上做了一个奇怪的梦，梦中，一位智者告诉他一句至理名言。这句至理名言涵盖了人类的所有智慧，可以让人们在得意的时候不骄傲；在失意的时候不绝望，自始至终都保持着一种勤勤恳恳、奋发向上的状态。可是，遗憾的是当所罗门王醒来的时候却怎么也想不起梦中的那句至理名言了。

于是，所罗门王找来了这个国家里最有智慧的几个人，向他们讲述了自己所做的那个梦，要求他们把那句至理名言想出来，并拿出一枚大钻戒，说："如果你们想出了那句至理名言，就把它刻在这个戒指的表面上。我要把这枚戒指天天都戴在手上，以便时时刻刻提醒自己。"

一个星期以后，几位智者非常兴奋地前来给所罗门王送还钻戒，只见戒面上刻了 6 个字："一切都会过去。"

人生一世，从表面上来看，似乎有很多事情都是和将来的幸福生活有关系的，例如金钱、名誉、地位等等。其实只有过来人才会了解，这一切不过都是过眼云烟。在人的一生中，只有那种平和的心态与时时快乐的感觉才是最为真实可靠的。那些看似让我们纠结难安的事情其实都是一时的，等到雨过天晴之后，你就会发现它根本没有什么大不了的。

所以，我们在经历痛苦的时候要学会调整自己的情绪，学会微笑着对自己说，何必纠结于此，这一切都将会过去，挥一挥手，勇敢地和它们告别。要相信，只要拥有一个好心情，幸福和快乐就一定会降临。如果我们一直纠结下去，无法释怀，那么幸福就好比挂在驴子面前的那根胡萝卜，永远都是可望而不可即的。

繁花凋谢了，还会再次盛开；春天过去了，可以享受夏天的火辣；树木枯萎了，还会再次复苏；心情低落了，睡一觉又是新的一天。所以，当你感到不幸福或者不快乐的时候，请放下内心的纠结，因为这一切终将会过去。

2.心灵简单了，也就快乐了

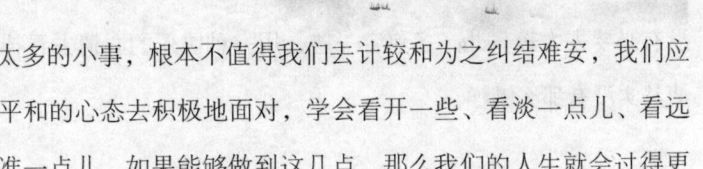

生活中有太多的小事，根本不值得我们去计较和为之纠结难安，我们应该用一种包容平和的心态去积极地面对，学会看开一些、看淡一点儿、看远一些、看透看准一点儿，如果能够做到这几点，那么我们的人生就会过得更加幸福和快乐。

俗话说，烦由心生。其实，那么多的烦恼都是因为人的本性具有贪婪、忌妒和虚荣等心理欲望，这种本能的欲望在受到外界的诱导以后就会让我们的心灵处于一种不平衡的状态里。所以，我们不应该为了那些不值得的小事而破坏了自己的情绪。只有这样，我们才能寻得快乐。

有一本书上记载了这样一个小故事。

记得在他小的时候，他总是感觉自己的情绪非常坏，总是会因为一点点小事而发脾气、生气。就连有人不小心碰到他，他也会很生气。如果有人让他情绪不好，他就会大声地骂对方，或者用力地打对方，要不然就是大声地哭闹。每一次在他情绪不好的时候，大家就会躲得远远的。

有一次，他和弟弟闹别扭，他的脾气一下子就来了，他大声地骂弟弟。这个时候，妈妈轻轻地走了过来，拿着一个镜子放在了他的面前。他看到了镜中的自己，眉头紧紧皱在一起，面容也是皱巴巴的，十分恐怖甚至是滑稽，原来一个人情绪不好时这样难看啊。后来妈妈告诉他，当我们情绪不好或者在为一些事情烦恼的时候，可以先想一想那些曾经令我们开心的事情。

从这以后，每当他心情低落或者纠结郁闷的时候，就会去想好的事情，这样一来，那些令他生气的小事也就没有了，情绪也就没有那么坏了。时间久了，也就逐渐地改掉了自己身上的这个毛病。

上面这个小故事让我们明白，在面对生活中那些烦恼的时候，其实根本没有必要去太较真儿，多包容一些，用一种快乐的心情去看待，就会发现事情其实没有那么糟糕。

有一天，有一位可爱的小女孩来到一家珠宝店的柜台前面，然后把一个书包放在柜台上面。这时一个穿着时尚、英俊帅气的男子走了进来，也站在柜台前面看珠宝，这时小女孩非常有礼貌地将自己的书包从柜台上面拿了起来，可是这个男子却忽然非常愤怒地看着小女孩，他说自己是一个十分正直的人，绝对不是想要去偷她的包。他觉得小女孩的动作侮辱了他，于是就非常生气地走出了这家珠宝店，这个小女孩感到

智者心语

世界没有想象中的复杂，把事情简单化，幸福、快乐自然会来到。

很惊讶，她只是怕书包挡住了珠宝，没想到自己一个好心的动作竟然会引起男子如此激动的情绪。

这个男子和小女孩好像生活在两个不同的世界，但实际上大家生活的世界却是一样的，其中存在的差别就是小女孩与男子对事物的想法不同，小女孩用善意看人，男子却总怀着敌意看人。

现实生活中，人们总是忙着用物质来让自己的生活得到满足。于是，一切烦琐、复杂的东西就充斥在我们的周围，从而也让我们的心灵变得更加复杂、纠结不已。每个人都渴望过一种简单愉快的生活，可是要怎么做这种生活才能得以实现呢？其实，一切都源于我们的心灵。只要我们拥有一颗快乐简单的心，在遇到一些复杂事情的时候用一种快乐的态度去对待，那么我们就会产生一种满足感、幸福感。到最后，你会发现那些原本让你头疼的事情其实并没有那么可怕。

3.远离纠结，淡然处世

很多时候，真正将人们击垮的并不是那些看似灭顶之灾的危机，反而是一些微不足道的小事。事实上，我们很多人都能够勇敢地去面对生活中所遇到的重大危机，却时常被一些小事情弄得焦头烂额。

芝加哥的一位法官在处理了4万多件离婚案过后说道："很多人的婚姻生活之所以感到不幸福，最基本的原因往往都是因为一些生活上的小事情。"而纽约的一位地方检察官也曾这样说过："在我们处理的大批刑事案件中，有一半以上都是因为一些很小的事情：喜欢逞一时的英雄，为了一些小事吵吵闹闹，讲话的时候不顾别人的感受，行为粗暴，等等。正是因为这些小事情，才引起了一起又一起的伤害和谋杀。"

罗斯福夫人在刚刚结婚的时候，担忧了很长一段时间，因为她的新厨子做饭做得很差。一段时间以后，罗斯福夫人对朋友说："我不明白为什么自己以前会为这点儿小事纠结，因为现在，我根本不会在意这些小事。"这才是一个成年人的做法。就连凯瑟琳女皇——这位最为专制的女皇，也会在厨子将饭菜做得不好的时候一笑了之。

有这么一条法律上的名言说道："法律是不会去管那些小事情的。"同样，一个人走在寻找幸福生活的道路上，也不该总是为了一些小事情去纠结担忧。因为担忧解决不了任何问题，同样也改变不了目前的逆境。大部分时候，要想去克服一些小事情所引起的困扰，最好的办法就是将自己的看法和重点进行转移，这样一来，就会让你拥有一个全新的、更为精准的看法。

一位老太太有两个女儿，大女儿家是开雨伞店的，小女儿嫁给了一个开洗衣店的男人。这样一来，晴天的时候，老太太就担心大女儿家的雨伞卖不出去；雨天的时候，又担心小女儿家的衣服晒不干，整日担忧不已。后来有一天，有个人对老太太说："老太太，你真有福气，晴天的时候，小女儿家顾客不断，雨天的时候，大女儿家生意兴隆。"老太太仔细一想，的确如此。从这以后，老太太每天都过得无忧无虑，非常开心。

智者心语

复杂中，更要理清思路。思维清晰了，事情自然就简单了。

的确，如果我们总是纠结于一些小事情，那么我们的生活又有何快乐可言呢？唯有放下内心的那些小纠结，才能迎来更美好的生活。

哲学家说："我们经常会被一些根本不值得关注的小事情弄得心烦不已……我们每个人活在这个世上的时间都只有短短的几十年，而我们浪费了很多不可能再补回来的时间，去为一些很快就会被遗忘的小事纠结忧虑。不要这样，让我们把自己的生命只用于值得做的行动和感觉上，去想一些伟大的思想，去经历一些真正的感情，去做一些必须做的事情。因为生命真的太短促了，不该再去顾及那些微不足道的小事。"

1943 年，杰克认为这世界上所有的烦恼似乎都降临到自己的头上来了。这 40 多年来，他一直都过得十分顺畅，虽然有一些生活上遇到的小事，可是每次他都可以很好地应付过去。可是如今，接连不断的麻烦向他袭来，他因为这些烦恼，彻夜难眠，忧愁不已。

他开办的商务学校因为男孩子都入伍作战去了，所以面临着严重的财务危机，甚至有可能会倒闭；他的大儿子也当兵入伍了，他感到十分牵挂担忧；他名下的一片土地正被政府征收用于建造机场，可他所得到的补偿却非常少；最为悲惨的就是，他即将无家可归，因为城市里的房屋居住紧张，他担心无法找到一个适合全家居住的房子。弄不好，他们一家还要住到帐篷里面，而且他对于能不能够买到一顶好帐篷也感到非常担忧。

他农场里面的水井干枯了，由于他房子附近正在挖一条运河，如果自己再花上 500 美元去重新挖个井，就等于是把钱都丢到水里面了，因为这片土地已经被征收了；他每天一大早就要起来去很远的地方运水生活，他担心自己的后半生都要在这样劳累的日子中度过了；他住的地方离他的商务学校比较远，他总是担心自己的老爷车会不会在开到半路的时候抛锚；他的大女儿提前一年高中毕业了，她打定主意要继续上大学，可是他却担心不能及时筹集到学费。

253

杰克每天都被这些问题弄得忧虑万分，最后他决定将这些问题都写下来，因为他觉得这些问题已经超出了自己的控制范围，他已经觉得束手无策了。

两年后的一天，杰克在书房整理物品的时候，偶然发现了这张纸，上面记载了他当时所有的烦恼。但有趣的是，他发现之前自己担心的那些事一件都没有发生过。

担心学校会倒闭是毫无意义的，因为政府开始拨款培训那些退役的军人，所以他的学校很快就招满了学生；担心当兵入伍的儿子也是毫无意义的，因为他平平安安地回来了；担心土地被征收也是毫无意义的，因为附近发现了油田，所以停止了征收；担心每天运水劳累也是毫无意义的，因为土地没有被征收，他就可以花钱再挖掘一口水井了；担心车子会在半路上抛锚也是毫无意义的，因为在他的细心保养下，车子一直没有出过问题；担心女儿的学费也是毫无意义的，因为女儿在开学前找到了一份不错的工作，可以利用课余的时间工作，而这份工作可以让她不再担心学费的问题。

事实上，我们细心回想一下就会发现，我们的今天正是我们昨天所忧虑的明天。当我们在为一些小事情忧虑纠结的时候，不妨先问问自己：我所忧虑纠结的这些事情到底会不会发生呢？

4.给心灵一个出口

生活中难免会遇到各种各样的烦恼，这些烦恼多得就像是沉淀在水底的泥沙。所有人都不希望烦恼跟随着自己，但往往它就这样不请自到地找上门

来，躲也躲不掉。你越是厌烦，想要把它们赶走，它们就越是紧紧抓着你不放。因为在你的心里，你始终没有将这些烦恼放下，而是一直牢牢地揪着它们不放，将自己束缚住，最后导致你的生活被弄得一团糟。如果你肯放下这些烦恼，想开一些，那么它自然也就会离你远去。

古语有云"境由心生"，你所面对的人和事，你生活在什么样的环境下，都是根据你的心而来的。你吸引什么，你就会遇到什么。所以，当你想要改变自己所处的环境，首先要做的就是改变自己的内心世界。

接连下了好几天的倾盆大雨，似乎还没有停下来的意思。有那么一个人，非常讨厌这样连绵不断的雨，于是就站在院子的中央指着天空大声咒骂："呸！你这个不长眼睛、稀里糊涂的老天，下起雨来就没完没了了，你看不见大雨把我害得有多凄惨吗？屋子里面不停地漏雨，衣服全都湿了，家里到处都是雨水，刚收的粮食也被雨水泡了，木柴也都湿了，你看看你把我害得有多惨，这样对你到底有什么好处？你到底还要下到什么时候才肯停下？"

这个时候，路过的风对他说："你骂得这样起劲儿，完全不顾自己站在雨中被淋湿了，老天肯定被你骂得吓坏了，以后肯定再也不敢随随便便下雨了。"

"哼！它要是真能够听到就好了。"骂天者气呼呼地大声回答。

听他这么回答，喜欢打抱不平的风就觉得老天有些过分了，于是就回头对老天说："喂，你没听到下面有人在大声骂你吗？你下雨应该是为了救活那些干渴的庄稼，可是如今却因为自己的私利连累了他人受害，从而怨恨你，你这样做真的是不应该啊！"

突然，只听空中传来一声沉闷的声音，老天回答说："我不可能去满足这个世上所有人的要求，住在热带地区的人整天骂我太热，烤得他们非常难受；住在寒带地区的人又骂我小气，不肯给他们多一点儿的阳光照射；住在温带地区的人倒是一年春夏秋冬都享受了，可是他们又骂我春天风沙不断，秋天阴雨连绵。对于我来说，我早就已经习惯了这些骂声，我不会去在意那么多，全心全意履行自己的职责就可以了。"

风听完这些话深受感动，于是就对骂天者说："你听着，老天不想听也没有时间去听任何人的指责谩骂，所以你站在这里大声骂也是没有任何作用的。"

骂天者一听既然如此，觉得自己完全没必要在这里白费力气，也就默默地走开了。

生活中像这样不称心的事情时时都有，如果我们对此只是一味纠结，那么就犹如作茧自缚，得不到解脱。这时，不妨敞开心怀，打开自己的一扇心窗，拥有像天空这样广阔的胸怀，生活自然也就会多一些欢声笑语，而少一些烦恼忧愁。

查理和亨利是邻居，共同生活在美国的一个小镇上，但他们之间的关系并不友好。虽然谁都弄不清楚到底是什么原因让两家人的关系变得如此糟糕，但有一点是可以肯定的：他们彼此之间并不友好和睦。如果非要说出个原因来，那就是他们不喜欢对方，可又都不明白到底不喜欢对方哪一点。

查理和亨利两家经常会因为一些小事发生争吵，即便夏天在后院用剪草机修剪草坪时，车轮常常会碰在一起，即使这个时候，他们都不会理睬对方。

有一年的夏天，查理和妻子外出旅游去了。刚开始的时候，亨利和妻子并没有发现他们不在家。可是有一天的傍晚，亨利在修剪完自己家院子里的草坪以后，发现查理家院子里

智者心语

境由心生，以一颗平静、宽容的心面对世界，你得到的也将是一个温和的世界。

的草已经长得很茂盛了。

路过的人都能一眼看出查理和他的妻子出远门了，而且离开的时间还不短。亨利心想，这样一来，不是很容易招来小偷吗？然后，一个想法迅速地出现在了他的脑海里。

"每一次我看到那片长得十分茂盛的草坪，就会非常犹豫，我真的不想去帮助我不喜欢的人。"亨利轻轻地说，"虽然我已经非常努力地从脑海中抹去帮他们修剪草坪的想法，但应该帮忙的想法却怎么也挥之不去。于是，我在第二天的时候就把邻居家的草坪给修剪好了。

"一个星期以后，查理和妻子旅游回来了。他们回来没过多久，我就看见查理不停地在街上走来走去。他在我们这条街上每家门前都停留了不少的时间。

"最后，查理过来敲了我家的门，我打开门以后，发现他站在门外，用一副十分好奇的表情看着我。过了一会儿，查理才开口对我说：'亨利，是你帮我除掉院子里的那些草吗？'在我的印象里，他是第一次称呼我为亨利。'我问了这条街上的所有人是谁帮我修剪的草坪，他们都说不是自己，杰克说是你帮我修剪的，是这样的吗？'他的语气里面含有一丝责备的意味。

"'是的，查理，的确是我做的。'我带有一丝挑战的语气回答，我以为他会对我发火。可是，让我意外的是，查理低着头犹豫了一下，像是想要说些什么。直到最后，他才用非常低的声音对我说了一声'谢谢'，说完以后就立刻离开了。"

就这样，他们之间打破了以往的沉默和不和谐。从此以后，两家人的关系也变得越来越和睦。其实，很多时候，只要我们肯敞开自己的心怀，一切都会有所改变。不管是朋友之间，还是同事、邻里之间，都是一样的道理。有的时候，横在我们之间的只是那一个小小的心结。我们需要做的就是不要束缚自己的心灵，放下纠结，敞开心灵的窗户，放宽心态，那么任何问题都会迎刃而解。

每个人都应该拥有宽广的胸怀，敞开自己的心怀，去拥抱生活中所拥有的和即将要得到的一切。如此一来，你就会发现自己的生活会变得更加幸福和快乐。

5.淡定从容，闲言自散

在日常生活中，有一些人为了一些鸡毛蒜皮的小事或者几句闲言碎语，抑或是自己的不幸而唉声叹气、忧愁不已……

其实，一个人如果总是把自己的生活焦点和生命的重心放在看别人的眼光、脸色和喜恶上面，想尽办法去克制自己、迎合别人，是一种十分愚蠢的行为。人生在世，不可能做到让所有人满意，就算可以，也只能扭曲自我，最终失去自我、失去自我的生活乐趣和整个生命的价值。这个世界原本就是不圆满的，人也不可能是十全十美的。就算卦象的结果出错，别人会对自己议论纷纷，只要自己能够做到坦然面对不就可以了吗？

阮玲玉，很多人在说起这个名字的时候，都是带有一种深深的叹惜之情。阮玲玉自杀的时候只有 25 岁，正值芳华之年。她正是不堪社会上的闲言碎语，而自尽身亡。鲁迅先生曾经为她写了一篇《论人言可畏》的文章。的确，各种各样的舆论给予一个女人的压力是巨大的，面对各种各样的闲言碎语，阮玲玉选择了自杀。她用自己生命的代价去作最后的抵抗，这无疑是悲哀的。

因为，生命对于每个人来说只有一次，失去了就再也无法挽回。在珍贵的生命面前，那些闲言碎语又算得了什么呢？

俗话说："坐起来说人，站起来被人说。"评价别人和被人评价都是一种非常正常的生活现象，生活中，又有哪个人能做到不被人说、不说别人？"谣言止于智者"，不管别人怎么说你，你都不必在心里太过纠结，更不要去理睬，舌头长在别人的嘴巴里，说什么那是别人的自由，可是要如何做却是属于你自己的权利和选择。

日本著名的哲学家西田几多郎曾经写过一首诗："人是人，我是我，然而我有我要走的道路。"的确，我们每个人都有着属于自己的生活目标和生活方式，如果我们自己都不能选择自己所喜欢的生活方式、走自己想要走的人生路，而是时时刻刻在意与纠结别人所说的闲言碎语，这不就等于在为别人而活吗？这样的生活还有什么意义可言呢？所以，当我们面对那些闲言碎语的时候，请牢牢地记住一句话：闲言碎语耳边风，不留一片在心中。

第十八章　心系希望，坚定前行
——淡泊人生幸福简单

我们时常觉得自己不幸，是因为看事情太过悲观。悲观者容易自卑，于是不敢去尝试，心中更没有希望，渐渐地就会自暴自弃。不妨把心门打开，让乐观的阳光照射进来，试着换个角度想问题，便不难发现，原来世界如此简单。

1.爱笑的人，运气不会太差

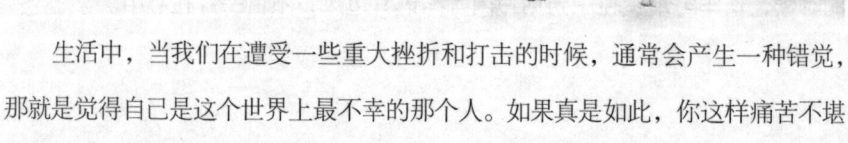

生活中，当我们在遭受一些重大挫折和打击的时候，通常会产生一种错觉，那就是觉得自己是这个世界上最不幸的那个人。如果真是如此，你这样痛苦不堪倒也罢了，可是事实真是这样吗？你知道这个世界上有多少人比你更加不幸吗？

有一位老人，儿子意外死去，他感到非常伤心，终日沉浸在痛苦中无法自拔。他去向神父祷告，问有没有一种办法可以让他的儿子复活。神父看了看这位老人，然后说："我可以满足你的请求，但是前提是你必须先拿一个碗，一家一家地去乞讨，如果你发现有一家没有死过人，你就让他给你一粒米，等你讨够了10粒米，我就会让你的儿子复活。"

老人听完以后便赶忙出去乞讨，可是一路走来居然发现没有一家是没有死过人的，到了最后，他连一粒米都没有乞讨到，此时，他恍然大悟：亲人离世原本就是任何一家都避免不了的事情。

当老人发现自己并不是自己想象的那个最为不幸的人时，他找到了他人生的平衡，并逐渐地从痛苦中走了出来。有一位哲人曾经说过：苦难会让你的人生更有意义。当你明白了这点，你就会对痛苦抱着一颗平常心了。从客观的方面来说，生活中既包含了鲜花、欢乐和阳光，同时也有着挫折、打击和痛苦，就好比古人所说的那样：月有阴晴圆缺，人有悲欢离合。

在漫长的人生道路上，每个人的一生都不可能总是一帆风顺、事事如意，难免会遇上一些挫折、打击和不幸，只不过有的人会相对顺利多一些，而有的人会相对挫折多一些，但是总是一帆风顺的人却是不存在的。

很多时候，人们往往都喜欢将苦难认同为不幸，因此怨天尤人，失去了人生的斗志，最终败在了苦难的面前，结果苦难就真的转化为不幸。我们必须明白，我们所遇到的苦难只是我们生活的一部分，是生活复杂性的一种表现形式而已，既然逃脱不掉，那就学会勇敢面对。只有最终战胜了苦难，才会获得人生更大的幸福。因为困境或磨难对弱者来说是致命的打击，可是对强者来说却是奋发向上的动力。

因此，有人说："快乐并不在于你得到了什么，而在于你能够从不幸中寻求到一份平衡，正确看待自己的不幸，并从中解脱出来，这才是一种最高级别的快乐。"

智者心语

生活中总会有幸运与不幸，乐观些，幸运不会离你太远。

有一位年轻美丽的姑娘在一次意外事故

后，不幸在脸上留下了一道难看的疤痕，原本准备与她结婚的男友也因此离她而去。从那以后，在她的眼里，生活失去了意义。在一个周末的清晨，她悄悄地走出了家门，打算到附近的公园里找一个安静的地方结束自己的生命。

她精神恍惚地走在公园的小道上，无意间，她看到身后走来了一对夫妻。妻子失去了双腿，坐在轮椅上面，而推着轮椅的丈夫却是一个盲人，戴着一副大大的墨镜。丈夫推着妻子，很快地就走到了前面。前面的道路正在翻修，坑坑洼洼，轮椅经过的时候开始不停地颠簸摇晃。见此，姑娘非常担心，害怕这对夫妻会不小心跌倒受伤，于是就赶忙加快脚步跟在他们后面，希望自己能帮上忙。

清晨的太阳渐渐地升上了天空，这对夫妻停了下来，妻子情不自禁地拉起丈夫的手指向了太阳升起的地方，开心地说："你快看，今天的太阳又大又圆，真美啊！"丈夫满脸笑容地扬起头，朝着东方看去，久久地凝望着，一脸的幸福和满足在清晨阳光的照射下显得格外沧桑。"真好，我还有一双眼睛可以看到这世上美好的一切。"妻子动情地说。"是啊，真好，我还有健全的四肢，可以推着你看这美丽的朝阳和所有美好的事物。"丈夫开心地回应着。

此时此刻，仿佛整个世界都沉浸在这种温馨和宁静的美好之中，原本不幸的人生，因为他们对生活的挚爱而变得格外美好。姑娘也一下子醒悟了过来，她忽然发现生命是这样美好，自己身上的这点儿不幸和他们比起来又算得了什么呢。

在我们的生活中，那些最不幸和最幸运的人往往只是占据了极少数的一部分，而大多数的人通常都是处于中间的状态。在某一段时间和范围内，你很可能是最不幸的那个人，但要是换在大范围内，你所遇到的这点挫折和其他人相比也许根本就算不了什么。痛苦是人生的一种体验，每个人都会有着不同的体验和感受。只要你把握了其中的平衡点，那么你就不是那个最不幸的人。

2.信念——命运的最强音

美国芝加哥生活着一个名叫迈克的人，10年前生了一场大病，他康复以后，却又发现自己得了肾病。于是，他开始四处求医问药，甚至还找过巫医，可是谁都没办法医好他。

没过多久，迈克又被查出患上了另外一种病，血压也随之高了起来，他赶忙去医院检查，但是医生告诉他已经没救了，只要患上这种病就意味着离死亡不远了。同时，医生还建议他赶紧安排好自己的身后事。

迈克万分悲痛地回到了家中，并写下了遗嘱，然后就开始向上帝忏悔自己以前所犯下的各种错误，并一个人坐在书房难过地陷入沉思当中。家里人看到他那种伤心痛苦的样子，也都感到十分难过。

就这样，一个星期过去了。一天，迈克突然对自己说：你到底怎么了？你现在这个样子简直就像个傻瓜。你在未来的一年恐怕还不会死，既然这样，那为什么不趁现在活着的时候让自己过得快乐一些呢？

此后，迈克开始积极地面对生活，脸上也开始绽放出笑容来，并试着让自己表现出轻松愉快的样子。刚开始的时候，迈克很不习惯，但是他还是努力地迫使自己变得快乐。紧接着，他开始发现自己仿佛感觉好了许多，几乎和他所装出来的一样好。这种感觉让迈克变得更加开心，也越发地让他有信心起来。一年以后，迈克不仅没有死去，反而活得十分健康和快乐，甚至连血压都降下来了。

"有一件事情我可以非常肯定：假如我一直想到自己会死去的话，那么那位医生的预言就会实现。但是,我给了自己一个积极健康的心态,给自己的身体一个自行康复的机会。做任何其他的事情都是没用的,除非我先不悲观,先开朗起来。"迈克非常自豪地说。

是的,迈克现在之所以还活着,是因为他并没有被病痛的折磨和打击给击倒,他给自己树立了一个康复的信念,从而让他可以很快地从悲观的情绪中走出来,积极地面对生活,最终让自己的人生获得了转机。

一个极为乐观的人能够做到自我激励,能够寻求到各种方法去实现自己的目标,在遭遇困境和磨难的时候自我安慰,树立积极的信念。

麦特·毕昂迪是美国著名的游泳运动员。1988 年的时候,他代表美国参加奥运会,被大家一致认为是极有希望继 1972 年马克·史必兹之后再夺 7 枚金牌的人。但是,毕昂迪在第一项 200 米自由泳比赛中竟然只取得了第三名,并在随后的第二项 100 米蝶泳比赛一路领先的情况下,硬是在最后 1 米的时候被第二名赶超,从而与金牌失之交臂。

当时许多人都认为毕昂迪两度丢失金牌将会影响到他后来的表现。可谁也没想到,他在后 5 项比赛中竟表现得异常出色,接连夺得 5 项冠军。对于这一切,宾州大学心理学教授马丁·沙里曼并没有感到意外,因为他在同一年的早些时候曾经给毕昂迪做过一个乐观影响的实验。

实验的方式是在一次游泳表演之后,毕昂迪表现得非常不错,但是教练却故意告诉他成绩很差,并让毕昂迪稍作休息之后再表演一次,结果他表现得更加出色,参与同一实验的其他队友却因此影响了成绩。

2008 年的北京奥运会上也曾出现过同样的一个情形，津巴布韦游泳名将考文垂在她参加的 3 项比赛当中，前两项都获得了银牌，特别是在第二项比赛中，她在预赛的时候甚至还打破了世界纪录，但是却在最后的决赛中输给了竞争选手。

　　在第三项比赛开始之前，考文垂身上背负着巨大的压力，所有的津巴布韦人民都希望她可以为他们的国家夺取一枚金牌，考文垂是他们心中唯一的希望。在压力和挫败面前，考文垂没有选择退缩，她仍然保持着乐观的心态，坦然面对所有的人。最后，她果然没有让大家失望，在女子 200 米自由泳中勇夺金牌。

　　从这个故事中，我们深深地体会到：一个拥有坚定信念并抱有积极乐观心态的人在身陷困境的时候是不会被失败和挫折打倒的。他们始终抱有一种信念，相信事情一定会有好转。要知道，只有拥有一个乐观的心态才可以让陷入困境的人不再感到冷漠、无力和沮丧，并最终取得成功。

　　心理学家曾经做过一个"半杯水实验"，这个实验就比较准确地检测出了乐观者和悲观者的情绪特点。悲观者在面对半杯水的时候，会说："我就只剩下半杯水了。"而乐观者在面对半杯水的时候却会说："哇，我还有半杯水呢！"由此可见，对于乐观者来说，外在的世界总是处处充满了光明和希望。

　　所以，当我们在遭遇困境的时候，千万不要过度悲观地去看待问题，而应坚定自己内心的信念，并抱着积极乐观的心态，相信这样，你就一定能够走向胜利的终点。

3.希望的天空下，是乐观的世界

很多时候，我们的生活常常会陷入一种"绝境"中，这种绝境会让我们心灰意冷，绝望到失去了生活下去的勇气，就像是世界末日将要来临一般。

但是，事情的发展也并非绝对，绝望中有时也会孕育着无限的生机，让人萌生希望。只要你还拥有希望，你就不是一无所有。因此，当你陷入"绝境"的时候一定要抱有一种不绝望的心态——不肯低头，拥有希望。只要拥有了这种心态，那么不管在什么情况下，你都可以勇敢地走向前方，拥抱幸福快乐的生活。

中国台湾女作家杏林子在童年时是一个非常美丽可爱的女孩子，12岁那年，突然患上了"类风湿关节炎"，这是一种免疫系统失调疾病，身体的关节都会不断地受到侵蚀并发炎，现今的医学还无法完全根治这种病。自从杏林子得了这种病以后，她时时刻刻都在痛苦中挣扎，数十年来，她躺在病床上，生活完全无法自理，行走也只能依靠轮椅，连睡觉的时候都要戴上呼吸器。

这种身体上的剧烈疼痛让杏林子的身心疲惫到了极点，多少次，她都想就这样停下来放弃一切。可是内心深处却总有一个声音在督促她前进。她深深地明白，如果前进也许还有一线生机，而放弃却只有死路一条。不能选择死，那就只有选择继续生活下去。

从此以后，她不再整日唉声叹气，开始积极地面对生活，生命也焕发出新的生机，孕育出了新的希望。于是，她开始全身心地投入到写作当中，用手中的笔来抒发内心的情感。就这样，一个长期深受病痛折磨（疾病持续了

266

48 年)、只有小学文化程度、连拿笔写字都非常困难的杏林子从 34 岁开始写作直至去世，在整整 26 年里共创作了散文、剧作等作品共计 80 多部。她除了拥有一大批的忠实读者以外，还深受文学界大师们的好评，看过她作品的人，都被书中的内容深深激励和鼓舞着。

这么多年来，尽管杏林子的生活苦不堪言，可她并没有放弃，她不仅不是一无所有，反而十分富有。她依靠着心中的希望勇敢地生活了下去，给无数人树立了好榜样。

"行到水穷处，坐看云起时。"在人生漫长的旅途上，很多时候，我们真的以为自己走到了绝境，其实，说不定这正是人生的一个转折点。的确，人生的境界就该如此。在人生的旅程中，我们只顾埋头前行，走到后来才发现自己陷入一种绝境之中，前方已经没有路可以让我们继续走下去。

这个时候，悲观、绝望的心情就会无限滋生，那么，我们到底该如何去面对呢？不如先往四周或者回头看一看，也许还会有另外一条路可以到达终点，即使已经无路可走了，也不妨先抬头看看天上的云卷云舒，虽然深陷绝境中，但心灵还可以无限畅想，还可以自由、快乐地欣赏大自然，体会宽广深远的人生境界。于是，内心深处便生出一丝希望来，你再也不会觉得自己一无所有、已走到了人生的穷途末路。

有这样一个成语叫"绝路逢生"，意思就是只要还拥有希望，肯用心去想、去做，就一定可以想出一个办法来，再通过积极主动地奋斗，就能够走出困境，获得成功。

智者心语

有希望的日子，就是快乐的日子；快乐的日子，怎会没有希望呢？

这个世上原本就没有什么绝境，关键就看你有没有一个积极的心态。只要你心中还拥有希望，你就能从一粒沙中看见整个世界，从一朵花中看见整个春天，通过对当前局面的仔细分析比较找到自己的优势和希望所在，就可以做到转危为安，找到新的出路。

曾经有一位作家在股票交易中损失惨重，顿时负债累累，生活状况也一下子从锦衣玉食跌到贫困潦倒。然而，他并没有放弃，他开始节衣缩食，勤奋创作，希望能够依靠赚取到的稿费去偿还那些债务。他的朋友们为了帮助他渡过难关，开始组织募捐，很多人都慷慨解囊，一些有名的大公司、大集团也纷纷出高价请他写广告词……可他统统拒绝了。他把自己关进书房里，一个月、两个月，一年、两年，就这样日复一日、年复一年，他始终坚持着一个信念：我是一个受欢迎的作家。于是他做到了，他创作出来的一本又一本新书在当时都引起了极大的轰动。很快，他就偿还了所有的债务，并开始过起了全新的生活。

这位作家就是世界著名的大作家马克·吐温，他用自己的亲身经历告诉我们：只要拥有希望，坚持心中的信念，就一定可以达到目标。所以，无论你的情况变得有多糟糕，你都不可以失去信心，都要相信一定会有时来运转的机会。

古语有云："自古英雄多磨难。"一个普通人之所以会成为一个领域或者一个时代的英雄，是因为挫折和磨难激励了他们，因为英雄和普通人最大的区别就在于：英雄不会在困境中退缩，在绝境中放弃，而是始终抱有希望，他们告诫自己，只要拥有希望，就一定能够取得成功，并在困境中磨炼自我，在绝境中证明自我，从而书写人生的励志篇章。很多时候，只有当我们深陷绝境，内在的潜力才会得以勃发。只要心中还有希望，希望就会引领我们走向更高、更远的地方。

4.心存美好，生活就会变得美好

一个杯子从侧面看是个长方形，从上面看却是圆形。同样，每个人的生活也正如一个杯子一样，很多时候只要换一个想法、换一种心情或者是换一个角度，那么，同样的际遇就会给人带来不一样的影响。

安娜是一位年轻美丽的美国女人，刚结婚不久就随着丈夫到沙漠腹地参加军事演习。她独自一人留守在一间集装箱一样的小铁皮屋里，这里天气酷热，四周生活的也都是印第安人和墨西哥人，他们都不懂英语，所以无法和安娜进行交流。安娜感到十分孤独无助、焦躁难安，于是她写了一封信给自己的父母，告诉他们自己想要离开这个地方。

很快，安娜的父亲就给她回了信，信上只写了一行字："两个人同时从牢房的铁窗口向外看，一个人只看到了满地的泥土，而另外一个人则看到了满天的繁星。"

刚开始的时候，安娜并没有理解父亲信中的含义，在反复读了好几遍以后，她才感到十分惭愧，于是决定留下来在这片沙漠中寻找属于自己的那一片"繁星"。安娜不再像以前那么悲观消沉了，她开始积极地和当地人交往，学习他们的语言和风俗文化，她非常热爱当地的陶器和纺织品。由于安娜待人十分热情友好，所以当地人都愿意将自己珍藏已久的陶器和纺织品送给她做礼物。

这一切，都让安娜十分感动，同时也让她的求知欲与日俱增。她开始积极地投入研究沙漠植物的生长情况，甚至还掌握了有关土拨鼠的生活习性，并观赏起沙漠的日出日落情况，等等。

如此一来，原先缠绕着安娜的那些悲观和孤独也开始逐渐消失，取而代之的是积极地冒险和不断地进取。后来，安娜将自己的一些新发现和感触写成了一本书，两年后，这本名叫《快乐的城堡》的书出版了，安娜终于通过自己的努力找到了属于自己的那一片"繁星"。

其实，原先的沙漠没有变，当地的居民也没有变，变的只是安娜个人的人生视角。视角不同会让一个人变成另外一个人，人生也会大不相同。

有一对孪生小姐妹一同走进了一座玫瑰园，没过多久，其中一个小姑娘哭着跑了出来，对妈妈说："这个地方坏透了，虽然里面有很多花，可是每朵花的下面都长有刺。"没多久，另外一个小姑娘也来到了妈妈的面前："妈妈，妈妈，这个地方简直太棒了，每丛刺中都长有许多美丽的花。"

乐观的人说："夜色越是黑暗，星星也就越发明亮。"悲观的人说："星星愈是明亮，说明夜色愈是黑暗。"

世间的万事万物都是存有多面性的，既有好的一面，也有差的一面，关键就是要看你会从哪个角度去观察。假如你看到的是事物积极美好的一面，那么你的心情就是快乐的；相反，你总是看事物中不好的一面，那么你的心情也是痛苦和沮丧的。

古语有云："人生不如意事十之八九。"在日常生活中，我们难免会遇到一些挫折和打击，但是只要保持一种乐观开朗的态度、积极向上的

智者心语

心向美好，发现美好，其实美好的生活就在你的身旁。

270

想法、心平气和的心境，换一个视角去看待问题，那么你的生活将会呈现出一副晴朗明媚的局面。

杰克和皮特是认识多年的好朋友。杰克如今住在纽约城内，曾经是皮特的演讲经纪人。一天，杰克在芝加哥碰见了久未见面的皮特，就好心好意地带皮特回到了自己在纽约郊区的一座农场。途中，皮特问杰克如何才可以消除忧虑，于是杰克就给皮特说了下面这样一个令人难忘的故事。

"我曾经是一个非常忧虑悲伤的人，"杰克慢慢地说道，"但是，10年前的一个春天，我走过纽约城内的一条街道时，有个情景让我一下子消除了所有的忧虑。整个事情发生的过程只有短短十几秒钟，可就是在那一刹那，我对生命的意义有了全新的认识，这一切要比前些年所学到的还要多。当年，我在纽约城内开了家杂货店，由于经营不善，不仅花光了我所有的积蓄，甚至还为此欠下了一大笔债务，估计要花上五六年的时间才可以偿还。于是停止了营业，准备去银行贷款，以便去芝加哥再重新找份工作。我觉得自己是一个很失败的人，失去了所有的信心和斗志。

"忽然间，我看到有个人从街道的另外一头走了过来，那个人没有双腿，只是坐在一块安装着溜冰鞋滑轮的小木板上面，两只手各用木棍支撑着前行。他慢慢地横过街道，轻轻地提起小木板打算登上路边的人行道。就在那一刹那，我们的视线相遇了，他对我报以坦然的一笑，并非常有精神地向我打了声招呼：'早安，先生，今天的天气真好啊！'我看着他，忽然意识到自己是多么的富有啊。我有健全的双足，可以到处行走，为什么还要这样悲观呢？这位失去了双腿的人都可以过得如此开心，我这个四肢健全的人还有什么做不到的呢？

"我打起了精神，原本只打算去银行借100元的，可是后来我改变主意了，我非常有信心地表示我要到芝加哥去寻找一份工作。最后，我借到了钱，也顺利地找到了工作。"

　　从这个故事里我们能够体会到，很多时候，我们眼中所谓的痛苦和不幸其实算不了什么，只要你肯换一个视角去看一看周遭，你就会发现你并不是最不幸的那个人。

　　第二次世界大战的时候，有一个士兵在战争中被炮弹的碎片刮伤了喉咙，流了很多血，于是，他写了张纸条问医生："我还能活下去吗？"医生回答说："可以的。"他又接着问："那我还可以说话吗？"医生还是很肯定地回答了他。最后，这个士兵在纸条上写道："既然这么幸运，我还有什么好担心的呢？"

　　是啊，看完这些，你完全有理由停止自己的悲伤和忧虑，并勇敢地对自己说："我还有什么好忧虑的呢？"最后，也许你就会发现，你现在所遇到的挫折根本就是微不足道的，不值得你去担忧。

　　在我们的生活中，很多人都会在自己一帆风顺时，觉得生活美好幸福，而一旦遇到了挫折和困境，就会觉得生活充满了黑暗，甚至还会悲观消极得如同世界末日来临了一般。所以说，个人的主观性在一定程度上影响和改变着人们的日常生活和事业。

　　其实，我们每一个人的身上都拥有大量的优点，而只存在些许不足。但是问题的关键是，你要如何去发现并正确对待这大量和些许之间的关系。当你拿着自己大量的优点和别人些许的不足进行比较时，你会由衷地发出感叹：原来我有这么多的长处，是多么幸福的一个人啊！

　　艾迪·瑞肯贝克和朋友一起在太平洋上悲观绝望地漂流了 21 天之后，说道："我从中学到了一点——人只要还有淡水可以喝，有东西可以吃，那么就没有什么好抱怨的了。"

在我们的生活中，同样会有大量的事情是好的，而另外少许的事情是不好的。如果你想拥有一个幸福快乐的人生，就该学会转换视角，把精神放在这大量的好事上面。